2023～2024年重庆市建筑绿色化发展年度报告——城乡建设低碳发展专题

重庆市绿色建筑与建筑产业化协会绿色建筑专业委员会
重庆大学绿色建筑与人居环境营造教育部国际合作联合实验室　主编
重庆大学国家级低碳绿色建筑国际联合研究中心

科学出版社
北　京

内 容 简 介

针对当前城乡建设领域节能降碳工作的开展与研究，本书系统整理了碳排放的主要来源与核算方法，以重庆市为对象，总结了城乡建设绿色低碳发展的现状、问题和思考，以及公共机构低碳发展、既有建筑绿色低碳改造等工作的政策背景、需求分析、实施要点等内容，列举了城乡建设领域绿色低碳发展代表性案例。

本书对城乡建设绿色低碳发展的方法、对象和案例均进行了归纳整理，可供城乡建设领域及绿色建筑技术研究、设计、施工、咨询等领域的相关人员参考。

图书在版编目（CIP）数据

2023～2024年重庆市建筑绿色化发展年度报告 ：城乡建设低碳发展专题 / 重庆市绿色建筑与建筑产业化协会绿色建筑专业委员会等主编.
北京：科学出版社，2025. 6. -- ISBN 978-7-03-081131-8

Ⅰ．TU-023

中国国家版本馆 CIP 数据核字第 20257L1Q83 号

责任编辑：华宗琪 / 责任校对：彭　映
责任印制：罗　科 / 封面设计：义和文创

科学出版社出版

北京东黄城根北街 16 号
邮政编码：100717
http://www.sciencep.com

成都锦瑞印刷有限责任公司印刷
科学出版社发行　各地新华书店经销

＊

2025 年 6 月第　一　版　　开本：787×1092　1/16
2025 年 6 月第一次印刷　　印张：12
字数：285 000

定价：109.00 元
（如有印装质量问题，我社负责调换）

编 委 会

主编单位　重庆市绿色建筑与建筑产业化协会绿色建筑专业委员会

重庆大学绿色建筑与人居环境营造教育部国际合作联合实验室

重庆大学国家级低碳绿色建筑国际联合研究中心

参编单位　重庆市机关事务管理局

重庆市绿色建筑与建筑产业化协会

重庆交通大学

重庆市设计院有限公司

中机中联工程有限公司

中冶赛迪工程技术股份有限公司

主　　编　丁　勇

编委会成员　张　军　叶　强　李百战　曹　勇

编写组成员　刘　红　喻　伟　高亚锋　李永平　方　立　黄小春

吴俊楠　杨　友　石小波　聂珊珊　彭越源　刘苏萌

胡　欣　卜嘉欣　陈雯笛　余雪琴　董莉莉　史靖塬

刘亚南　粟　鑫　沈小娟　陈　琼　王华夏　胡文端

孙爱民　侯须真　何开远　文灵红　吴泽玲

前　　言

《2023～2024年重庆市建筑绿色化发展年度报告——城乡建设低碳发展专题》是重庆市绿色建筑与建筑产业化协会绿色建筑专业委员会针对城乡建设领域绿色低碳发展的专题报告，整理了包括碳排放核算方法、城乡建设绿色发展路线、公共机构低碳发展路径、既有建筑绿色低碳改造政策、技术体系和典型案例等内容，是一本以技术发展为主题的行业年度发展报告。

本年度报告聚焦城乡建设领域绿色低碳发展，全面综述了当前碳排放的主要来源，核算标准与方法，并对未来碳减排方向进行了分析。在此基础上，以重庆市为对象，本报告首先针对城乡建设低碳发展的现状进行了归纳，分别对政策、产业和行业面临的问题进行了分析，并提出了发展建议；其次，针对公共机构碳排放要素与来源，供给侧与需求侧减碳技术路径进行了整理，并提出了技术实施要点；再次，针对既有建筑绿色低碳改造的实践，总结了相关政策体系发展，梳理完成了既有公共建筑和居住建筑绿色低碳改造的标准与技术体系；最后，对具体的实施案例进行了介绍。

报告充分梳理了相关标准要求与方法，总结了行业发展经验，从碳减排发展的全社会层面、城乡建设层面、具体机构对象，进而到单项工作层面，形成了从上到下、由大及小的全面总结，为进一步探索城乡建设更加适宜的绿色、低碳、高质量发展提供了参考。

本年度报告得到了"十四五"国家重点研发计划项目"面向碳中和的低碳城市建设关键技术应用示范"（2023YFC3807700）的支持。

重庆市绿色建筑与建筑产业化协会绿色建筑专业委员会

2025年1月

目　　录

第1章　碳排放核算方法及其发展

1.1　背　景

1.1.1　应对气候变化的紧迫需求

1. 全球气候问题日益严重

温室气体指的是大气中能吸收地面反射的长波辐射，并重新发射辐射的一些气体，如水蒸气、二氧化碳、大部分制冷剂等。它们的作用是使地球表面变得更暖，类似于温室截留太阳辐射，并加热温室内空气的作用。随着工业化进程的加速，人类活动产生的温室气体排放量不断增加，导致全球气候变暖、海平面上升、极端气候事件频发等一系列环境问题。截至2023年6月，过去10年，全球温室气体排放量创下"历史新高"，每年温室气体排放量（以二氧化碳当量计）高达540亿t，导致全球以前所未有的速度变暖[1]。为了应对这些威胁，国际社会逐渐认识到必须对碳排放进行准确核算和控制。例如，联合国政府间气候变化专门委员会（Intergovernmental Panel on Climate Change，IPCC）的成立旨在系统评估气候变化相关科学成果，为国际社会应对全球气候变化提供科学依据。

2. 国际气候协议的推动

《联合国气候变化框架公约》《京都议定书》《巴黎协定》等国际气候协议的签订，要求各国承担起减排责任，并对碳排放进行监测、报告和核实。这促使各国积极探索和发展碳排放核算方法，以满足国际协议的要求，并为制定减排政策提供依据。

1.1.2　可持续发展理念的兴起

1. 经济发展模式的转变

传统的高能耗、高排放的经济发展模式不可持续，各国开始寻求绿色、低碳的发展路径。碳排放核算方法的发展有助于政府和企业了解自身的碳排放情况，识别减排潜力，推动经济发展模式向可持续方向转变。例如，企业可以通过核算碳排放，制定减排计划，提高能源利用效率，降低生产成本，同时也能提升企业的社会形象和竞争力。

2. 资源环境约束的增强

随着全球人口的增长和经济的发展，资源短缺和环境恶化的问题日益突出。对碳排放进行核算可以帮助人们更好地理解人类活动对环境的影响，合理利用资源，保护环境，实现经济、社会和环境的协调发展。

1.1.3　科学技术的进步

1. 监测技术的发展

先进的监测技术，如连续排放监测系统（continuous emission monitoring system，CEMS）、遥感技术等，为碳排放的实时监测和准确测量提供了技术支持。这些技术可以获取更准确的排放数据，提高碳排放核算的精度和可靠性。

2. 数据处理和分析技术的提升

大数据、云计算、人工智能等技术的应用，使得海量的碳排放数据能够得到快速处理和分析。这有助于发现碳排放的规律和趋势，为制定科学的减排策略提供数据支持。

1.1.4　政策法规的推动

1. 国家层面的政策引导

许多国家制定了相关的政策法规，要求企业和组织进行碳排放核算，并报告其碳排放情况。例如，我国国家发展改革委、国家统计局和生态环境部联合印发的《关于加快建立统一规范的碳排放统计核算体系实施方案》，明确提出建立全国及地方碳排放统计核算制度，完善行业企业碳排放核算机制。

2. 行业标准的制定

各行业协会和国际组织制定了一系列的碳排放核算标准和指南，为企业和组织提供了统一的核算方法和规范。这些标准和指南的不断完善，促进了碳排放核算方法的发展和应用。

1.2　碳排放的定义与减少碳排放的重要性

1.2.1　碳排放的定义

碳排放是指在生产、运输、使用及回收某产品时所产生的平均温室气体排放量。温室气体中最主要的气体是二氧化碳，因此用碳（carbon）一词作为代表。目前碳排放的相关计算是参考温室气体的排放，《京都议定书》规定了 6 种产生重大影响的温室气体，包括二氧化碳（CO_2）、甲烷（CH_4）、氧化亚氮（N_2O）、氢氟烃（hydrofluorocarbon，HFC）、全氟化碳（perfluorocarbon，PFC）、六氟化硫（SF_6）。虽然其他温室气体在大气中的浓度较低，但是它们的全球变暖潜能值超过了二氧化碳的几十倍乃至数万倍，由此专家就所有温室气体和与建筑相关排放源的全球变暖潜能值达成了非正式共识。然而，在调查建筑物的碳排放时，对于是否将其纳入考量仍未达成一致意见。把"碳"作为温室气体代表虽然并不准确，但作为让民众最快了解的方法就是简单地将"碳排放"理解为"二氧化碳排放"[2]。

1.2.2　减少碳排放的重要性

1. 气候稳定

碳排放与全球气候密切相关。过量的碳排放会导致大气中温室气体浓度升高，尤其是二氧化碳会增强温室效应，使地球表面温度上升。这可能引发冰川融化、海平面上升，威胁沿海地区和岛屿国家的生存。例如，马尔代夫等低海拔岛国面临着被淹没的风险。

稳定的气候对生态系统的平衡至关重要。许多生物物种对气候条件非常敏感，气候变化可能导致物种栖息地丧失、生物多样性减少。例如，北极熊的生存受到海冰减少的严重威胁。

2. 生态系统稳定

碳排放影响生态系统的水循环。气温升高会改变降水模式，可能导致干旱、洪涝等极端天气事件增加，影响水资源的分布和可用性。这对农业、森林生态系统及水生生物都有重大影响。

森林、湿地等生态系统是重要的碳汇，能够吸收和储存大量的碳。然而，碳排放导致的气候变化可能破坏这些碳汇的功能，使其从碳吸收转为碳释放，进一步加剧温室效应。

3. 能源转型与产业升级

控制碳排放推动能源转型，促使各国加大对可再生能源的开发和利用，如太阳能、风能、水能等。这不仅可以减少对化石能源的依赖，还能创造新的经济增长点和就业机会。例如，可再生能源产业的发展带动了相关制造业、安装维护等领域的就业增长。

促进产业升级，鼓励企业采用节能环保技术和生产方式，提高能源利用效率，降低生产成本。这有助于提升企业的竞争力，推动经济可持续发展。例如，一些制造业企业通过技术改造，实现节能减排的同时提高了产品质量和生产效率。

4. 金融与投资

减少碳排放促进了新的金融领域发展，如碳交易市场的建立。企业可以通过买卖碳排放配额来实现减排目标，这为金融机构提供了新的投资机会和产品。碳交易市场的规模不断扩大，吸引了大量资金流入，促进了金融创新。

投资者越来越关注企业的环境、社会和治理（environmental，social，governance，ESG）表现，高碳排放的企业可能面临融资困难和投资减少，而积极减排的企业则更受投资者青睐。这促使企业加强碳排放管理，提升可持续发展能力。

5. 公共健康

减少碳排放有助于改善空气质量，降低因空气污染导致的呼吸道疾病、心血管疾病等发病率。例如，减少化石燃料燃烧可以减少颗粒物、二氧化硫、氮氧化物等污染物的排放，提高公众健康水平。

气候变化带来的极端天气事件和自然灾害会对社会基础设施和公共服务造成破坏，影响人们的生活质量和安全。通过控制碳排放，可以降低这些风险，保障社会稳定。

6. 国际合作与公平

减少碳排放是一个全球性问题，需要各国共同努力。国际合作可以促进技术交流、资金支持和政策协调，共同应对气候变化挑战。例如，《巴黎协定》的签署就是各国为实现减排目标而进行的国际合作。

碳排放问题还涉及公平性，发展中国家在历史上的累计排放量较低，却面临着气候变化带来的严重影响。国际社会需要通过合理的机制，确保发展中国家有足够的资源和能力来应对气候变化，实现公平的可持续发展。

1.3 碳排放的主要来源

1.3.1 能源活动

煤炭、石油和天然气等化石燃料在工业（如钢铁、水泥、化工等）、电力生产、交通运输（如汽车、飞机、船舶等）、居民生活（取暖、烹饪等）等领域的燃烧是碳排放的主要来源。例如，火力发电站燃烧煤炭产生大量二氧化碳，使用汽油或柴油的汽车在运行过程中排放二氧化碳和其他温室气体。

工业生产中，许多高耗能产业如钢铁、有色金属冶炼、建材（水泥、玻璃等）等，需要大量消耗化石燃料来提供热能和动力，从而产生大量碳排放。

1.3.2 工业生产过程

1. 石油化工产品生产与使用

石油化工行业在生产塑料、橡胶、化纤等产品过程中会排放大量温室气体。例如，生产聚乙烯、聚丙烯等塑料的过程中，会产生二氧化碳等温室气体排放。同时，这些石化产品在使用和废弃处理过程中也可能释放温室气体。

2. 水泥生产

水泥生产过程中，石灰石等原材料在高温煅烧下分解产生大量二氧化碳。水泥窑的高温环境及化学反应使得每生产 1t 水泥会排放 0.8～1t 二氧化碳当量。

此外，水泥生产还需要消耗大量的能源，进一步增加了碳排放。

3. 钢铁生产

钢铁生产主要包括高炉炼铁和转炉炼钢等过程。在高炉炼铁过程中，焦炭与铁矿石反应会产生二氧化碳。同时，在炼钢过程中的能源消耗也会导致碳排放。钢铁行业是能源密集型产业，其碳排放强度较高。

4. 有色金属生产

铝、铜等有色金属的生产过程中，特别是电解铝生产，需要消耗大量电能，而电力主要来自化石能源发电，因此产生大量碳排放。例如，生产 1t 电解铝的碳排放为 10～15t 二氧化碳当量。

1.3.3　农业活动

1. 水稻种植

在水稻种植过程中，由于稻田长期处于淹水状态，土壤中的厌氧菌会分解有机物质产生甲烷。甲烷是一种强效温室气体，其温室效应的效果是二氧化碳的 25～30 倍[3]。稻田甲烷排放是农业领域重要的碳排放源之一。

2. 畜禽养殖

畜禽（如牛、羊、猪等）在消化过程中会产生甲烷，尤其是反刍动物，如牛和羊，通过打嗝和放屁排出大量甲烷。此外，畜禽粪便的处理过程中也会产生甲烷和氧化亚氮。虽然氧化亚氮在大气中的含量很低，但是其单分子变暖潜能值是二氧化碳的 298 倍，即其所能造成的温室效应的效果是二氧化碳的 298 倍，其被列为排在二氧化碳、甲烷之后的第三大温室气体[4]。

3. 不合理的农业土壤管理

不合理的农业土壤管理方式，如过度施肥、频繁翻耕等，会导致土壤中有机碳的分解加速，释放出二氧化碳。同时，土壤中的氮素转化过程也可能产生氧化亚氮排放。

1.3.4　土地利用变化

1. 森林砍伐

森林是重要的碳汇，能够吸收大气中的二氧化碳。然而，大规模的森林砍伐会导致大量的碳储存被释放到大气中。树木在生长过程中吸收二氧化碳，而砍伐后树木的分解和燃烧会将储存的碳以二氧化碳的形式释放出来。

森林砍伐还会减少森林面积，降低森林的碳吸收能力。

2．土地开发与城市化

土地开发用于城市建设、工业用地和农业扩张等活动，会改变土地的自然状态，破坏土壤中的碳储存。例如，将自然植被覆盖的土地转变为城市建设用地，会导致土壤中的碳释放到大气中。

城市化过程中，大量使用的水泥、钢铁等建筑材料也会产生碳排放。

1.3.5 废弃物处理

1．垃圾填埋

生活垃圾和工业废弃物在填埋过程中，有机物的分解会产生甲烷和二氧化碳。垃圾填埋场是重要的甲烷排放源之一，尤其是在没有有效的甲烷收集和处理系统的情况下。

2．污水处理

污水处理过程中，微生物对有机物的分解会产生二氧化碳和甲烷。此外，污水处理厂的能源消耗也会产生碳排放[5]。

3．废弃物焚烧

废弃物焚烧可以减少垃圾体积，但在焚烧过程中会排放二氧化碳等污染物。如果焚烧设施的能源回收效率不高，也会导致较高的碳排放。

1.4 碳排放核算方法

1.4.1 排放因子法（基于计算）

1．计算公式

排放因子法的计算公式为：温室气体（greenhouse gas，GHG）排放 = 活动数据（activity data，AD）×排放因子（emission factor，EF）。其中活动数据是导致温室气体排放的生产或消费活动的活动量，如化石燃料的消耗量、净购入的电量等；排放因子是与活动水平数据对应的系数，表征单位生产或消费活动量的温室气体排放系数，可采用国际权威机构提供的缺省值，也可基于实际测量数据推算。

2．适用范围

排放因子法适用范围广，适用于国家、省份、城市等宏观层面的核算，能对特定区域的整体情况进行宏观把控。但因地区能源品质、机组燃烧效率等差异，能源消费统计及排放因子测度易出现偏差。该方法现用于建材生产和运输阶段，以及建筑建造、运行和拆除报废阶段。

3. 特点

优点：计算相对简单，所需数据较容易获取，适用于不同规模和类型的排放源。

缺点：排放因子的准确性取决于其来源和适用性，不同地区和情况下的排放因子可能存在差异；对于复杂的生产过程或特殊排放源，可能难以找到准确的排放因子。

1.4.2　质量平衡法（基于计算）

1. 计算公式

对于二氧化碳而言，质量平衡法的碳排放 =（原料投入量×原料含碳量−产品产出量×产品含碳量−废物输出量×废物含碳量）×44/12（"44/12"是碳转换成二氧化碳的转换系数）。

2. 适用范围

质量平衡法可反映碳排放发生地的实际排放量，能区分各类设施以及单个和部分设备之间的差异。在年际间设备不断更新的情况下该法使用较为简便，常用于工业生产过程中，如脱硫过程排放、化工生产企业过程排放等非化石燃料燃烧过程。该方法现用于建材生产阶段，对于特定的工业生产过程，可以较为准确地计算碳排放；并且考虑了整个生产过程中的碳流动，有助于分析生产环节的碳排放情况。

3. 特点

优点：能精准反映实际排放量，贴近真实情况，可区分不同设施或设备的碳排放差异；对复杂生产过程适应性强，尤其适用于非化石燃料燃烧的工业生产过程。

缺点：需要详细了解生产过程中的物料流动和含碳量变化，数据收集和计算较为复杂。对于含碳物质的测量和分析要求较高，可能需要专业的检测设备和技术。

1.4.3　实测法（基于测量）

1. 测量方式

实测法包括现场测量和非现场测量。现场测量是在排放连续监测系统（CEMS）中搭载碳排放监测模块，通过连续监测浓度和流速直接测量排放量；非现场测量是采集样品送到检测部门，利用专门的检测设备和技术进行定量分析。

2. 适用范围

实测法中间环节少，结果准确，但消耗人力物力较大，成本较高，且要求检测样品具有代表性，适用于小区域、简单生产排放链的碳排放源，或小区域、有能力获取一手监测数据的自然排放源。该方法现有研究用于建材生产阶段和建筑建造阶段。

3. 特点

优点：数据准确性高，直接测量得到的结果最为可靠；可以提供实时的排放数据，便于及时掌握排放情况和进行排放控制。

缺点：测量设备成本高，安装和维护需要专业技术人员；并非所有排放源都适合安装测量设备，对于分散的小排放源难以实现全面监测。

1.5　碳排放核算标准介绍

1.5.1　国际标准和方法

1.5.1.1　《2006 年 IPCC 国家温室气体清单指南》

1. 制定机构[6]

《2006 年 IPCC 国家温室气体清单指南》的制定机构为联合国政府间气候变化专门委员会（IPCC）。认识到潜在的全球气候变化问题后，世界气象组织（World Meteorological Organization，WMO）和联合国环境规划署（United Nations Environment Programme，UNEP）在 1988 年共同建立了联合国政府间气候变化专门委员会。IPCC 的一项活动是通过其在国家温室气体清单方面的工作为《联合国气候变化框架公约》提供支持。该指南由 IPCC 国家温室气体清单特别工作组联合主席带领世界各国 250 多名专家组成温室气体清单编制指导小组编写，是对之前编写的国家温室气体排放清单指南的更新，整合了《1996 年 IPCC 国家温室气体清单指南》《2000 年 IPCC 国家温室气体清单优良做法指南和不确定性管理》和《IPCC 关于土地利用、土地利用变化和林业优良做法指南》，构架了更新、更完善但更复杂的方法学体系。

2. 定位

该标准是国际上广泛认可的用于国家层面温室气体清单编制的标准指南。IPCC 作为政府间的科学技术机构，具有很高的权威性和专业性，其发布的指南为各国提供了统一、科学、规范的温室气体核算方法和编制流程，确保了不同国家温室气体清单的可比性和可靠性。许多国家在制定本国的温室气体核算体系时，都以该指南为基础或重要参考。该标准也是《联合国气候变化框架公约》各缔约方指定采用的国家清单编制方法。缔约方需要按照该指南的要求，定期编制并提交本国的温室气体源排放量和汇清除量清单，以便国际社会对各国的温室气体排放情况进行监测、评估和比较，推动全球应对气候变化的行动。该指南构建了较为全面和系统的温室气体清单编制方法学体系，它涵盖了能源、工业、农业、土地利用、废弃物等多个经济部门，不仅包括对二氧化碳、甲烷、氧化亚氮等常见温室气体的核算，还对一些特殊的温室气体排放源和吸收汇进行了详细的分析和指导。这种全面的方法体系有助于各国准确地识别和量化各种温室气体的排放和吸收情况，为制定科学合理的减排政策提供依据。指南在提供一般性指导原则的同时，也允许各国根据自身的实际情况进行一定的调整和改进。例如，对于一些数据获取困难或特殊的排放源，指南提供了不同层次的计算方法和估算方法，各国可以根据自身的科学技术水平和数据可获得性选择合适的方法，既保证了科学性，又具有一定的灵活性。

3. 适用对象

（1）国家层面：这是该指南最为主要的适用对象。各国政府在编制国家层面的温室气体排放清单时，需要遵循该指南的方法和要求。该指南可以帮助各国准确地核算本国温室气体的源排放量和汇清除量，以便向国际社会报告本国的温室气体排放情况，履行《联合国气候变化框架公约》规定的义务。

（2）区域组织或地区：一些区域组织或特定的地区，在进行温室气体排放统计和管理时，也可以参考该指南。虽然区域或地区的范围小于国家，但在温室气体排放的核算方法和数据收集等方面与国家层面具有相似性，该指南可以为其提供科学的方法和标准。例如，一些跨国的区域经济组织或者国内的省级行政区等。

（3）相关研究机构和学者：从事气候变化、环境科学等相关领域研究的机构和学者，需要依据可靠的温室气体清单编制方法来开展研究工作。《2006 年 IPCC 国家温室气体清单指南》是国际上广泛认可的权威指南，为研究人员提供了系统的方法和理论基础，帮助他们准确地评估不同地区、不同行业的温室气体排放情况，以及分析温室气体排放对气候变化的影响等。

4. 主要内容[6]

1）方法选择

（1）层级划分与适用场景

①层级 1 方法

特点：基于适用性广泛的默认值，简单易行，对数据要求相对较低，适用于数据获取有限或初步估算的情况。

例如，对于一些小型企业或发展中国家某些基础数据缺乏的区域，在估算能源燃烧排放时，可采用通用的排放因子和大致的活动数据进行快速估算，如小型锅炉房的煤炭燃烧排放，可直接使用指南中给定的该类燃料的平均排放因子和估算的煤炭使用量。

②层级 2 方法

特点：需要更详细的活动数据和特定的排放因子，能更准确地反映实际情况，数据要求和核算精度介于层级 1 和层级 3 之间。

例如，中型工业企业在核算碳排放时，对于能源消耗，要细分到不同生产环节、不同设备的能源使用量；排放因子则根据本地燃料的具体成分或生产工艺的特点进行选取或调整，以水泥厂为例，要分别统计原料破碎、生料煅烧、水泥粉磨等环节的电力和燃料消耗，以及采用更符合本地水泥生产工艺的排放因子来计算二氧化碳排放。

③层级 3 方法

特点：最为精确，需针对具体地区特殊情况进行深入研究分析，可能涉及建立专门监测系统、开展实地调研、运用先进模型技术等。

例如，大型化工园区或对碳排放数据精度要求极高的区域，会通过在生产流程中安装实时监测设备，对各种原料的投入、化学反应过程、产品产出及温室气体排放进行实时监测和分析，同时结合复杂的工艺模型和详细的本地排放因子研究，精确计算每个生产步骤的温室气体排放量。

（2）方法选择的考虑因素

①数据可获取性

如果某地区或企业缺乏详细的生产工艺数据和精确的监测设备，难以获取特定排放因子和详细活动数据，可能更适合采用层级 1 方法进行初步估算，然后随着数据收集能力的提升逐步过渡到更高层级的方法。

例如，一些偏远地区的小型农业生产活动，可能只能通过粗略的统计数据（如大致的耕地面积、肥料使用总量等）和通用排放因子来估算温室气体排放。

②核算精度要求

对于需要向国际组织准确报告温室气体排放情况以履行相关国际义务，或企业自身有高精度碳排放管理需求（如参与碳交易市场、制定减排策略等）的情况，应优先选择层级 2 或层级 3 方法。

例如，大型跨国企业为了在全球范围内实现精准的碳减排目标和参与碳交易市场，会采用更高级的核算方法，确保碳排放数据的准确性，以便制定有效的减排措施和进行合理的碳资产配置。

③成本效益分析

实施层级 3 方法通常需要较高的成本，包括建立监测系统、开展专业研究等费用。在选择方法时，需要综合考虑核算精度提升带来的收益与成本之间的关系。

例如，对于一些中小企业，如果采用层级 3 方法会带来过高的成本，而其碳排放对整体环境影响相对较小，且没有严格的高精度核算要求，可能在一定时期内选择层级 1 或层级 2 方法更为合适，待条件成熟后再考虑升级核算方法。

2）排放因子选择

（1）排放因子的来源

①通用排放因子

该指南提供了一系列广泛适用的默认排放因子，这些因子是基于大量的研究和国际经验总结得出的。

例如，对于煤炭燃烧的二氧化碳排放因子，IPCC 根据不同煤种（如褐煤、烟煤、无烟煤）的平均含碳量、燃烧效率等因素给出了相应的通用值；这些通用排放因子适用于大多数情况下的初步估算，但可能无法准确反映特定地区或企业的实际情况。

②本地排放因子

各国或地区可以根据自身的实际情况进行排放因子的研究和测定，以提高核算的准确性。

例如，某地区的煤炭具有特殊的成分和燃烧特性，当地的研究机构可以通过对本地煤炭样本的分析和实际燃烧测试，确定更符合当地实际的排放因子；对于工业生产过程中的排放因子，企业也可以根据自身的生产工艺、设备性能等因素进行测定，如化工企业可以通过对生产过程中化学反应的详细监测和分析，确定特定产品生产过程中的温室气体排放因子。

（2）排放因子的确定与调整

①基于燃料成分和工艺参数

排放因子与燃料的成分密切相关，如煤炭的含碳量、含硫量等会影响燃烧过程中温室气体的排放。对于能源燃烧排放，可根据燃料的详细化学成分分析和燃烧实验，确定准确的排放因子。

同时，工业生产工艺的参数也会对排放因子产生影响。例如，钢铁生产中，不同的炼铁工艺（如高炉炼铁、电炉炼铁）、炉料配比等因素会导致二氧化碳排放因子的差异。企业需要根据实际生产工艺参数，对排放因子进行合理地确定和调整。

②定期更新与验证

随着时间推移和技术进步，燃料成分和生产工艺可能会发生变化，排放因子也需要定期更新。相关部门或企业应建立定期的排放因子更新机制，如每 3～5 年对本地排放因子进行重新测定和验证。通过与实际监测的温室气体排放数据进行对比，评估排放因子的准确性，并及时进行调整和优化。

3）活动数据的选择

（1）活动数据的类型与范围

①能源活动数据

能源活动数据包括各种能源的生产、转换、运输和消费数据。

例如，能源生产方面，记录煤矿的煤炭产量、油田的石油产量、天然气田的天然气产量等；能源转换领域，统计发电厂的发电量、供热厂的供热量，以及炼油厂的原油加工量等；能源运输环节，记录石油和天然气的管道运输量、铁路和公路运输的煤炭运输量等；能源消费端，收集工业企业、商业建筑、居民家庭等不同部门的各类能源（如电力、煤炭、石油、天然气）消费量。

②工业过程活动数据

工业过程活动数据涵盖工业生产过程中的各种原材料使用量、产品产量、生产设备运行时间等数据。

例如，钢铁生产企业要记录铁矿石的投入量、焦炭使用量、钢材产量以及高炉、转炉等设备的运行时间；化工企业需统计各种化工原料的使用量、化学反应过程中的物质流量、产品的产量和生产批次等；电子工业要记录芯片制造过程中的硅片使用量、化学品消耗量、设备的生产工时等。

③农业活动数据

农业活动数据包含农作物种植面积、养殖动物数量、肥料和农药使用量等。

例如，种植业方面，记录不同农作物（如水稻、小麦、玉米等）的种植面积、灌溉水量、化肥和农药的施用量。畜牧业中，统计牛、羊、猪等养殖动物的存栏量、出栏量、饲料消耗量及粪便产生量。

④土地利用活动数据

土地利用活动数据涉及土地类型的变化面积、森林的生长和砍伐数据等。例如，记录从森林转变为耕地或建设用地的面积，以及从其他土地类型转变为森林的面积。对于森林，要监测森林的种植面积、生长速率、木材蓄积量的变化，以及森林砍伐的面积和木材产量。

⑤废弃物处理活动数据

废弃物处理活动数据包括固体废弃物产生量、处理方式及处理量、废水处理量等。

例如，统计城市生活垃圾和工业固体废弃物的产生量，以及不同处理方式（如填埋、焚烧、堆肥）的处理量。记录污水处理厂的废水处理量、污泥产生量及处理过程中的能源消耗等。

（2）活动数据的收集与质量控制

①数据收集方法

统计报表：政府部门、企业和相关机构通过定期填写统计报表来收集活动数据。例如，能源企业向能源管理部门上报能源生产和消费数据，工业企业向统计部门提交生产工艺和原材料使用数据等。

监测设备：安装在生产现场、运输管道、废弃物处理设施等位置的监测设备可以实时或定期记录相关数据。如在发电厂的烟囱上安装气体排放监测仪，测量二氧化碳等温室气体的排放量；在垃圾填埋场安装甲烷监测设备，监测填埋气体的产生和排放情况。

调查与普查：通过开展专项调查或全国性的普查活动，获取全面准确的活动数据。例如，农业部门进行的土地利用调查和农作物种植情况普查，收集农业活动数据；环境部门组织的废弃物处理情况调查，了解固体废弃物和废水处理的相关数据。

②质量控制措施

数据审核：对收集到的数据进行审核，检查数据的完整性、准确性和一致性。例如，核对能源消费数据与能源供应数据是否匹配，工业生产数据与原材料采购数据是否合理，农业种植面积数据与土地利用规划数据是否相符等。对于异常数据，要进行核实和修正。

数据验证：通过与其他相关数据来源进行对比验证，确保数据的可靠性。例如，将企业上报的能源消耗数据与电力公司的供电记录、燃料供应商的销售数据进行对比；将农业产量数据与农产品市场的销售数据进行验证。同时，还可以采用模型模拟等方法对数据进行验证，如利用土地利用变化模型对土地利用活动数据进行模拟验证。

数据存档与管理：建立完善的数据存档和管理制度，确保数据的可追溯性和安全性。对原始数据进行妥善保存，记录数据的收集时间、来源、处理方法等信息，以便在需要时进行查询和复查。同时，采用信息化手段对数据进行管理，提高数据处理和分析的效率。

4）不确定性评估

（1）不确定性的来源

①数据不确定性

活动数据误差：测量设备的精度限制、数据记录的不准确及抽样方法的偏差等都可能导致活动数据存在误差。例如，在能源消费统计中，电表、水表等计量设备的精度可能存在一定误差，导致能源消耗量的记录不准确；在农业调查中，由于抽样范围和方法的限制，可能无法准确反映整个地区的农作物种植面积和产量情况。

排放因子不确定性：排放因子的确定通常基于实验研究、模型估算或经验数据，其本身存在一定的不确定性。不同地区的燃料成分、生产工艺和环境条件的差异，也会使排放因子有所不同。例如，不同产地的煤炭含碳量和燃烧特性不同，导致二氧化碳排放因子存在差异；工业生产过程中，由于设备老化、工艺改进等因素，实际的排放因子可能与初始设定的值有所偏差。

②模型和方法不确定性

温室气体排放的核算涉及各种模型和方法的应用，这些模型和方法都有一定的假设和简化条件，可能无法完全准确地反映实际情况。例如，在计算森林碳储量变化时，采用的森林生长模型可能无法考虑所有的生态因素和气候变化的影响，导致计算结果存在不确定性；在估算废弃物处理过程中的温室气体排放时，模型对于填埋场中废弃物的降解过程和气体产生机制的模拟可能与实际情况存在一定偏差。

③其他不确定性因素

未来的政策变化、技术发展和市场因素等也会给温室气体排放的估算带来不确定性。例如，政策对能源结构的调整及对工业生产工艺的限制或鼓励，可能会影响未来的能源消费和温室气体排放模式；新技术的出现可能改变能源利用效率和温室气体减排效果；市场对某些产品的需求变化可能导致生产规模和工艺的调整，进而影响碳排放。

（2）不确定性评估方法

①定性评估方法

专家判断：邀请相关领域的专家，根据他们的经验和知识，对温室气体清单编制过程中的不确定性进行定性评估。专家可以对数据质量、模型适用性、排放因子合理性等方面进行综合判断，指出可能存在的不确定性因素及其影响程度。例如，在评估新的工业生产工艺的碳排放不确定性时，专家可以根据行业经验和对该工艺的了解，判断可能影响碳排放的关键环节和因素，并对不确定性进行大致的定性描述。

情景分析：设定不同的情景，分析在各种情况下温室气体排放的可能变化范围，从而评估不确定性。例如，对于未来能源政策的不确定性，可以设定不同的能源发展情景（如高碳、低碳、可再生能源主导等），分析在不同情景下能源消费和温室气体排放的差异，以了解政策变化对碳排放的影响程度和不确定性范围。

②定量评估方法

误差传播分析：在温室气体排放计算中，排放量等于活动数据乘以排放因子，当两者存在不确定性时，可以通过误差传播公式来计算排放量的不确定性范围。例如，如果活动数据的测量误差为 ±5%，排放因子的不确定性为 ±10%，根据误差传播公式可以计算出二氧化碳排放量的不确定性范围约为 ±15%（具体计算还需考虑数据的相关性等因素）。

蒙特卡罗模拟：这是一种常用的定量不确定性评估方法，通过对活动数据和排放因子进行随机抽样，根据其概率分布函数（如正态分布、均匀分布等）生成大量的样本数据，然后利用这些样本数据进行多次温室气体排放计算，得到排放量的概率分布。例如，对于一个工业企业的碳排放估算，假设活动数据和排放因子分别服从正态分布，通过蒙特卡罗模拟生成 1000 组样本数据，计算每次的排放量，最终得到排放量的概率分布曲线，从而可以确定排放量的均值、标准差和置信区间等，以评估不确定性。

（3）降低不确定性的措施

①提高数据质量

采用更精确的测量设备和技术：在能源计量方面，使用高精度的智能电表、燃气表等设备，提高能源消耗数据的测量精度；在工业生产过程中，采用先进的传感器和监测技术，实时准确地记录原材料使用量、生产设备运行参数等数据。例如，在化工生产中，安装在线成分分析仪，实时监测原料和产品的化学成分，为准确计算温室气体排放提供数据支持。

加强数据审核与验证：建立严格的数据审核制度，对收集到的数据进行多层级审核，确保数据的准确性和可靠性。同时，通过与其他独立数据源进行对比验证，及时发现和纠正数据中的错误和偏差。例如，将企业的能源消费数据与能源供应商的记录进行核对，将农业生产数据与卫星遥感监测数据进行对比验证等。

增加数据样本量：在进行数据收集时，适当扩大样本范围和数量，以减少抽样误差带来的不确定性。例如，在农业调查中，增加调查的农户数量和土地面积样本，提高农作物种植面积和产量数据的代表性；在工业统计中，对更多的企业进行调查和数据收集，以更准确地反映行业的整体情况。

②优化模型和方法

模型改进与验证：不断改进温室气体排放核算模型，使其更符合实际物理过程和生态系统规律。同时，利用实际监测数据对模型进行验证和校准，提高模型的准确性和可靠性。例如，结合实地森林调查数据，对森林碳储量模型中的参数进行调整和优化，使其更好地模拟森林生长和碳循环过程。

采用多种方法相互验证：在可能的情况下，采用不同的核算方法对温室气体排放进行计算，并对结果进行对比分析。如果不同方法的结果差异较大，需要进一步研究和分析原因，以确定更准确的计算方法或对数据和模型进行调整。例如，在计算工业过程的碳排放时，可以同时采用基于物质平衡法和基于排放因子法进行计算，以相互验证结果的合理性。

③加强监测与研究

建立长期监测体系：对温室气体排放源进行长期、连续的监测，及时获取准确的排放数据，了解排放的动态变化情况。例如，在大型发电厂、工业企业和垃圾填埋场等重要排放源安装温室气体在线监测设备，实时监测二氧化碳、甲烷等温室气体的排放浓度和流量，并将数据传输到监测中心进行分析和处理。

开展本地化研究：针对不同地区的特点和实际情况，开展本地化的温室气体排放因子研究和监测工作。了解本地燃料的成分、工业生产工艺的特殊性及生态系统的特征等，确定更符合本地实际的排放因子和核算方法，降低因采用通用数据和方法带来的不确定性。例如，研究本地土壤类型和气候条件对农业温室气体排放的影响，制定适合本地的农业碳排放核算方法和排放因子。

5）时间序列一致性

（1）政策制定与评估

时间序列一致性的温室气体清单数据对于政策制定和评估至关重要。政府在制定减排目标、规划能源发展战略和制定气候变化应对政策时，需要掌握连续、可比的碳排放数据。如果数据在时间序列上不一致，可能导致政策制定的偏差。例如，在评估过去几年的减排政策效果时，如果碳排放数据在不同年份的核算方法或数据来源有较大差异，就难以准确判断政策对碳排放的实际影响，从而影响后续政策的调整和优化。

（2）趋势分析与预测

准确的时间序列数据有助于进行碳排放趋势分析和预测。通过对多年的碳排放数据进行分析，可以了解碳排放的增长趋势、季节性变化以及与经济发展、能源消费等因素的关系，为未来碳排放情景预测提供基础。如果数据缺乏一致性，趋势分析可能会得出错误的结论，影响对未来碳排放的预测精度，进而影响相关规划和决策的制定。例如，在预测未来能源需求和碳排放时，基于不一致的历史数据可能会高估或低估能源结构调整和减排措施的效果。

（3）国际比较与合作

在国际层面，各国需要向国际组织报告温室气体排放数据以履行相关国际义务和参与国际合作。时间序列一致性的数据便于进行国际比较和评估，促进全球气候变化应对的合作与协调。

1.5.1.2　《温室气体核算体系：企业核算与报告标准》

1. 制定机构

温室气体核算体系（GHG Protocol）由位于美国的环境非政府组织世界资源研究所（World Resources Institute，WRI）和涵盖 170 家国际公司，以及位于日内瓦的世界可持续发展工商理事会（World Business Council for Sustainable Development，WBCSD）联合建立。该体系是企业、非政府组织、政府及其他组织等利益相关方合作的产物。

2. 定位

该标准是世界上最具影响力和应用最广泛的企业碳核算工具之一，也是几乎所有碳排放核算标准的基础，为企业、组织、项目等量化和报告温室气体排放情况服务的标准、指南和计算工具。其宗旨是改善人类社会生存方式，保护环境以满足世代所需，帮助企业、组织等量化和报告温室气体排放情况，为全球发展低碳经济提供基础。

3. 适用对象

该标准适用于各类企业组织，无论是大型跨国企业、中小型企业，还是不同行业的企业，只要有温室气体排放且需要进行核算和报告的都可以使用。

4. 主要内容[7]

1）温室气体核算报告原则

相关性：确保核算和报告的温室气体信息与企业的决策、战略及利益相关者的需求相关。例如，对于致力于减少碳排放以满足环保要求或提升企业形象的公司，报告的碳排放数据应能准确反映其在各业务环节的排放情况，以便针对性地制定减排策略。

完整性：涵盖所有相关的温室气体排放源和活动，不遗漏重要信息。这意味着企业要全面梳理其生产运营过程中的各个环节，从原材料采购、生产加工、能源消耗到产品运输和废弃物处理等，确保所有可能产生温室气体排放的方面都被纳入核算范围。

一致性：在核算方法、数据收集和报告格式等方面保持一致，以便进行时间序列上的比较和分析。例如，企业每年在计算能源消耗导致的碳排放时，应采用相同的能源转换系数和计算方法，才能准确评估企业碳排放的变化趋势，判断减排措施的有效性。

准确性：尽可能地减少误差，保证数据和信息的可靠性。这要求企业采用准确的测量设备和科学的计算方法，并对数据进行认真审核和验证。例如，在测量工业废气排放中的温室气体浓度时，要确保监测设备的精度和校准状态，同时对数据处理过程进行严格把控，避免计算错误和数据偏差。

透明度：要清晰地披露核算过程和数据来源，使报告易于理解和验证。企业应在报告中详细说明温室气体排放的计算方法、数据获取途径，以及任何可能影响结果的假设或调整因素，以便利益相关者能够对报告内容进行审查和评估。

2）温室气体清单编制目标

提供准确的排放信息：为企业自身和外部利益相关者（如投资者、监管机构、客户等）提供关于企业温室气体排放的准确、详细数据，帮助他们了解企业的环境影响和碳足迹。

支持决策制定：协助企业管理层制定合理的减排目标和策略，通过分析温室气体排放清单，识别主要排放源和减排潜力较大的环节，从而有针对性地进行资源分配和投资决策，如决定是否采用更清洁的能源技术或优化生产流程以降低排放。

满足合规要求：许多国家和地区都制定了温室气体排放报告的法规和政策，企业编制温室气体清单是为了确保自身符合这些法律法规的要求，避免因违规而面临处罚。同时，合规的报告也有助于企业在市场中树立良好的环境形象，增强竞争力。

促进可持续发展：温室气体清单编制是企业参与全球应对气候变化行动的一部分，通过准确核算和报告排放情况，企业可以更好地跟踪自身在可持续发展方面的进展，与国际和行业标准接轨，为推动全球温室气体减排作出贡献。

3）设定组织边界

股权比例法：适用于股权结构较为复杂的企业。按照企业在各个子公司、分支机构或投资项目中的所有权份额来确定温室气体排放的责任范围。例如，企业 A 在另一家公司 B 中持有 30%的股权，那么在计算温室气体排放时，企业 A 需要将公司 B 30%的相关排放纳入自己的核算范围。这种方法能够反映企业在经济利益上与各关联实体的关系，以及相应的环境责任。

控制权法：企业仅计算其能够直接控制的业务的全部温室气体排放。如果企业对某个生产设施、业务部门或运营流程具有实际的管理和决策权，能够直接决定能源使用、生产活动等导致温室气体排放的因素，那么该部分的排放就属于企业的组织边界内。例如，企业 C 拥有一家全资子公司 D，子公司 D 的所有运营活动都由企业 C 直接管理和决策，那么子公司 D 的全部温室气体排放都应计入企业 C 的排放清单。

4）设立运营边界

范围一排放（直接排放）：指企业拥有或控制的排放源所产生的温室气体排放。例如，企业自有车辆的燃油消耗排放、工业生产过程中化石燃料的燃烧排放（如工厂锅炉燃烧煤炭产生的二氧化碳排放）、化学物质反应排放（如某些生产工艺中产生的甲烷排放）等都属于范围一排放。这些排放源直接由企业的运营活动所导致，是企业温室气体排放的最直接体现。

范围二排放（能源间接排放）：是企业消耗外购能源所产生的间接温室气体排放，主要包括企业购买的电力、热力等能源在生产和传输过程中产生的排放。虽然这些排放不是在企业内部直接产生的，但企业通过使用这些能源间接导致了温室气体的排放。例如，企业办公场所使用的电力，其在发电厂发电过程中会产生二氧化碳等温室气体排放，这些排放就属于企业的范围二排放。

范围三排放（其他间接排放）：涵盖了企业价值链中上下游活动所产生的间接温室气体排放，但企业对这些排放的控制程度相对较低。范围三排放的种类较为广泛，包括原材料采购、产品运输、销售使用和废弃物处理等环节所产生的排放。例如，企业购买的原材料在其生产过程中产生的排放（如果该原材料生产过程的排放未包含在企业购买价格中）、企业产品运输过程中运输工具的燃油消耗排放、产品使用阶段消费者使用产品所产生的排放（如汽车在使用过程中的尾气排放），以及企业废弃物处理过程中由处理设施产生的排放等都属于范围三排放。

5）收集数据及评估数据质量

（1）数据收集

能源消耗数据：收集企业各个部门、生产环节及设备的能源使用量，包括电力、煤炭、石油、天然气等各种能源类型。这可以通过能源计量仪表的读数记录获取，例如电表、燃气表等的每月或每年读数。同时，还需要记录能源的使用时间、用途等信息，以便更准确地分析能源消耗与温室气体排放的关系。

原材料使用数据：对于生产过程中涉及的各种原材料，记录其采购量、使用量和库存变化情况。某些原材料的生产和加工过程可能会产生温室气体排放，例如钢铁生产中使用的铁矿石，其开采和冶炼过程都会有碳排放。因此，准确了解原材料的使用情况对于计算范围三排放中的部分内容非常重要。企业可以通过采购记录、生产报表等渠道收集这些数据。

运输数据：包括企业内部运输（如厂内车辆运输原材料和产品）和外部运输（如产品的货运物流）的相关信息。记录运输工具的类型（如卡车、火车、船舶、飞机等）、运输里程、运输货物的质量或体积等。可以从运输部门的运营记录、物流合同或运输发票中获取这些数据，用于计算运输过程中的温室气体排放，其属于范围三排放的一部分。

其他相关数据：例如企业生产过程中的工艺参数（可能影响温室气体排放的生产条件和操作参数）、废弃物处理量和处理方式等。这些数据可帮助企业更全面地评估运营活动对温室气体排放的影响，并且在某些情况下可能被用于特定排放源的计算或验证。

（2）评估数据质量

准确性评估：检查数据的测量精度和准确性。对于能源计量仪表的数据，要确保仪表经过校准并且在有效期内使用。对比不同数据源的数据是否一致，例如企业内部记录的能源消耗与能源供应商提供的账单数据是否相符。如果发现数据差异较大，需要进一步调查原因，可能是测量误差、数据记录错误或其他因素导致的。

完整性评估：审查数据是否涵盖了所有应纳入核算范围的排放源和活动。检查是否存在遗漏的部门、设备或业务环节的数据。例如，在核算范围一排放时，要确保所有的化石燃料燃烧设备都有相应的排放数据记录。同时，对于范围三排放，要全面梳理企业价值链上下游的相关活动，确保没有重要的排放环节被忽略。

一致性评估：评估数据在时间序列上的一致性和稳定性。观察数据是否存在异常波动或趋势变化，如果存在，需要分析是由企业运营情况的实际变化（如生产规模扩大、工艺改进等）导致的，还是由数据收集或处理过程导致的。例如，企业每年的电力消耗数据应该在合理的范围内波动，如果某一年出现大幅异常增加或减少，就需要进一步核实数据的可靠性和相关原因。

可靠性评估：考察数据来源的可靠性和可信度。优先采用来自权威机构、经过验证的数据源或标准化的测量方法获取的数据。例如，能源消耗数据如果来自具有资质的能源监测机构或符合国家标准的计量设备，其可靠性相对较高。对于一些通过估算或间接计算得到的数据，要评估其估算方法的合理性和不确定性范围。

6）识别与计算温室气体排放量

（1）识别排放源

固定燃烧源：如企业的锅炉、熔炉、内燃机等设备，在燃烧化石燃料（如煤、石油、天然气）时会产生二氧化碳、二氧化硫、氮氧化物等温室气体和污染物。通过识别这些设备的类型、燃料种类、使用频率和运行时间等信息，确定其为重要的温室气体排放源。

移动燃烧源：包括企业拥有或使用的车辆（如卡车、轿车、叉车等），其在运行过程中燃烧汽油或柴油产生碳排放。此外，飞机、船舶等用于企业运输或业务活动的交通工具，其燃油消耗也属于移动燃烧源排放，需要记录这些交通工具的型号、行驶里程、燃油消耗率等参数，以便准确计算其温室气体排放量。

制程排放源：某些工业生产过程中会伴随着化学反应或物理变化而产生温室气体排放。例如，水泥生产过程中碳酸钙分解会产生大量二氧化碳；钢铁生产中的炼铁工序会排放一氧化碳、二氧化碳等。识别这些特定的生产工艺和相关的排放环节，对于准确核算企业的温室气体排放至关重要。

逸散排放源：主要包括设备泄漏、挥发性有机物（volatile organic compound，VOC）挥发等无组织排放源。例如，化工企业的管道连接处、阀门等可能会发生气体泄漏；储存油品或化学品的储罐会有挥发损失。这些逸散排放虽然在单个点源上排放量相对较小，但由于其分布广泛且难以完全控制，总体排放量也不可忽视。需要通过定期检测、设备维护和采用合适的密封技术等手段来识别和管理逸散排放源。

（2）计算排放量

计算排放量的方法见 1.4 节详细介绍。

7）报告温室气体减排量

确定减排活动：企业需要明确实施了哪些旨在减少温室气体排放的措施和活动。这可能包括能源效率提升项目（如更换节能设备、优化生产流程以降低能源消耗）、可再生能源利用（如安装太阳能板、风力发电机）、碳捕获与封存技术应用、废弃物管理改进（如垃圾分类回收、减少垃圾填埋产生的甲烷排放）等。对于每项减排活动，要详细记录其实施的时间、范围和具体内容。

计算减排量：针对每个确定的减排活动，须采用合适的方法计算其温室气体减排量。计算方法应与计算温室气体排放量的方法相一致，并且要考虑减排活动的实际效果和影响范围。例如，如果企业通过更换节能灯具降低了电力消耗，应首先计算出更换灯具前后的电力消耗差值（活动数据变化），然后根据电力的排放因子计算相应的温室气体减排量。对于一些复杂的减排项目，如碳捕获与封存项目，可能需要采用专门的工程计算模型和监测数据来准确评估减排效果和减排量。

报告减排信息：在温室气体报告中，要清晰地披露减排活动的相关信息和减排量计算结果。包括减排活动的描述、实施时间、预计的减排持续时间、减排量的数值及计算所采用的方法和假设。同时，还可以提供一些关于减排项目的成本效益分析、对企业运营和环境影响的综合评估等信息，以便利益相关者全面了解企业的减排努力和成果。此外，为了增加报告的可信度和透明度，企业可以考虑对减排项目进行第三方验证或审计，并在报告中说明验证情况。

8）管理排放清单质量

（1）建立内部管理制度

制定核算与报告流程：明确规定从数据收集、计算分析到报告编制的整个温室气体核算流程，确保每个环节都有明确的责任人和操作规范。例如，规定能源消耗数据由哪个部门负责收集和上报，数据审核的流程和标准、报告的编制格式和内容要求是什么等。

人员培训与能力建设：对参与温室气体核算和报告工作的人员进行培训，提高他们的专业知识和技能水平。培训内容包括温室气体核算方法、相关法律法规和标准要求、数据管理和质量控制等方面。通过定期培训和考核，确保工作人员能够准确理解和执行核算工作任务，提高数据质量和报告的准确性。

数据管理系统建设：建立完善的数据管理系统，用于收集、存储、处理和分析温室气体排放数据。该系统应具备数据录入、审核、查询、统计分析等功能，并且能够保证数据的安全性和完整性。同时，要建立数据备份和恢复机制，防止数据丢失或损坏。

（2）外部审核与验证

第三方审核：定期邀请独立的第三方机构对企业的温室气体排放清单和报告进行审核。第三方审核机构具有专业的知识和丰富的经验，能够对企业的核算工作进行全面、客观地评估，发现潜在的问题和不足，并提出改进建议。审核结果可以增加报告的可信度和透明度，为企业在市场上树立良好的环境形象提供支持。

参与行业标准验证：积极参与行业组织或相关机构开展的温室气体核算标准验证活动。通过与同行业企业进行对比和交流，了解行业内的最佳实践和先进经验，发现自身在核算方法和数据管理方面的差距，及时调整和改进企业的温室气体管理工作，提高排放清单的质量和行业可比性。

9）持续改进

定期评估与分析：企业应定期对温室气体核算和报告工作进行评估和分析，总结经验教训，发现存在的问题和改进的机会。例如，通过对比历年的温室气体排放数据和减排效果，分析减排措施的有效性和不足之处；评估数据质量控制措施的执行情况，是否存在需要优化的数据收集方法或审核流程等。

制定改进措施：根据评估和分析的结果，制定针对性的改进措施并加以实施。这可能包括优化核算方法、加强数据管理、进一步挖掘减排潜力、完善内部管理制度等方面。同时，要设定明确的改进目标和时间表，跟踪改进措施的实施效果，确保温室气体排放清单质量持续提高。

1.5.1.3 《PAS 2050：2008 商品和服务在生命周期内的温室气体排放评价规范》

1. 制定机构

该标准由英国标准协会（British Standard Institution，BSI）制定。

2. 定位

该标准是全球首个产品碳足迹方法标准，为评估产品和服务全生命周期内温室气体排放建立了统一的方法规范，为企业、组织等提供了一个科学、系统且具有可操作性的温室气体排放评估框架，帮助其准确量化和理解产品或服务在全生命周期内的温室气体排放情况，以便采取相应的减排措施，对于推动可持续发展具有重要的指导意义。

3. 适用对象

该标准适用于评估产品或者产品服务在全生命周期内的温室气体排放量。

4. 主要内容[8]

1）碳足迹范围

（1）范围界定

该标准范围包括产品或服务从原材料获取、生产加工、运输配送、使用维护到最终废弃处理全生命周期内的所有阶段。例如，对于一款电子产品，其碳足迹范围涵盖了原材料开采（如金属矿、塑料原料等）过程中的能源消耗和排放，生产制造过程中的电力使用、化学物质排放，产品运输过程中的燃油消耗，用户使用阶段的电能消耗，以及产品废弃后回收处理或处置过程中产生的排放等。

该标准明确区分了直接排放和间接排放。直接排放是指在产品全生命周期内由企业自身直接控制的排放源所产生的排放，如生产工厂内燃料燃烧排放的二氧化碳。间接排放则是指由企业活动所导致，但并非由企业直接控制的排放源产生的排放，如购买电力所产生的在发电厂端的排放。

（2）范围示例

以服装产品为例，原材料获取阶段包括棉花种植过程中的化肥使用、灌溉用电，以及化纤生产过程中的能源消耗和排放；生产加工阶段涉及纺织厂的机器运转电力消耗、印染过程中的化学物质排放和能源使用；运输配送阶段包含原材料运输到工厂、成品服装运输到销售点的燃油消耗；使用维护阶段可能有消费者洗涤服装时使用洗衣机的电力消耗和洗衣粉生产过程的相关排放；废弃处理阶段则包括服装废弃后焚烧或填埋处理产生的排放。

2）碳足迹评价原则

（1）相关性

确保所选择的评估方法和数据与产品或服务的碳足迹密切相关，这意味着要准确识别和包含对温室气体排放有实质影响的所有因素和活动。例如，在评估汽车的碳足迹时，不仅要考虑车辆行驶过程中的燃油消耗排放，还要考虑汽车生产过程中钢铁、塑料等原材料生产的排放，以及零部件制造、组装等环节的能源消耗和排放。

（2）完整性

涵盖产品或服务全生命周期的所有相关阶段和排放源，不遗漏任何重要的温室气体排放。对于一个复杂的工业产品如飞机，要包括机身制造、发动机生产、航空燃油生产与运输、飞机运营（包括起飞、飞行和降落）及飞机报废处理等全生命周期的各个环节，以及每个环节中涉及的各种能源消耗和排放源，如电力、燃料、制冷剂等。

（3）一致性

在整个评估过程中保持方法、数据来源和计算过程的一致性。例如，对于同类型产品在不同时间点的碳足迹评估，应采用相同的计算方法和排放因子，以便能够进行有效的时间序列比较和趋势分析。如果企业每年对其某一产品系列进行碳足迹评估，那么每年都应遵循相同的评估标准和流程，确保数据的可比性。

（4）准确性

尽可能减少评估中的误差和不确定性，以保证碳足迹数据的准确可靠。这要求采用精确的测量设备和科学合理的计算方法，并对数据进行严格的审核和验证。在测量工厂的能源消耗时，要确保电表、燃气表等计量设备的准确性和定期校准；在计算排放时，要选择合适的排放因子，并考虑其适用范围和不确定性。对于一些难以直接测量的排放，如生产过程中某些化学反应产生的温室气体排放，要采用合理的估算方法，并对估算结果进行不确定性分析。

（5）透明度

清晰地披露碳足迹评估的过程、方法、数据来源和假设，使评估结果易于理解和验证。企业在发布产品碳足迹报告时，应详细说明产品的全生命周期阶段划分、每个阶段的数据收集方法和来源、所采用的排放因子及其依据，以及任何可能影响评估结果的特殊情况或假设。例如，说明在计算运输排放时采用的运输方式、运输距离的估算方法，以及是否考虑了不同运输模式的能源效率差异等。

3）排放源、抵消和分析单位

（1）排放源识别

详细识别产品或服务全生命周期内的各种排放源，包括直接排放源和间接排放源。

直接排放源如生产过程中燃料的燃烧、工业化学反应等；间接排放源如外购电力、热力的生产过程排放，以及原材料生产和运输过程中的排放等。以食品加工企业为例，直接排放源可能包括工厂内锅炉燃烧天然气产生的二氧化碳排放，生产过程中制冷设备使用制冷剂泄漏产生的温室气体排放等；间接排放源可能有种植农作物时使用化肥和农药生产过程的排放，以及食品运输过程中交通工具消耗燃油产生的排放。

（2）抵消机制

抵消机制探讨了温室气体排放的抵消方法和原则。企业可以通过采取减排措施或购买碳信用等方式来抵消产品或服务的部分碳足迹。例如，企业投资建设可再生能源项目，如太阳能发电厂所产生的可再生能源电力用于自身生产，可减少外购电力的间接排放，从而实现一定程度的碳抵消；或者企业购买经过认证的碳信用，如通过森林碳汇项目产生的碳减排量，来抵消产品全生命周期内无法避免的排放。然而，抵消机制需要遵循一定的规则和标准，确保抵消的真实性和有效性，例如碳信用的来源应符合相关的认证要求，抵消量的计算应基于科学合理的方法。

（3）分析单位确定

分析单位确定是指通常以单位产品或服务为基础进行碳足迹评估的计算和报告。例如，对于瓶装饮料，可以以每瓶饮料的碳足迹（g 二氧化碳当量/瓶）为分析单位；对于建筑服务，可以以每平方米建筑面积的碳足迹（kg 二氧化碳当量/m^2）为分析单位。确定合适的分析单位有助于准确比较不同产品或服务的碳足迹大小，为消费者和企业决策提供清晰的参考。同时，在报告中还应明确说明分析单位的定义和计算方法，避免产生歧义。

4）系统边界

（1）核心流程与辅助流程

明确区分产品或服务全生命周期中的核心流程和辅助流程，并确定哪些应纳入碳足迹评估的系统边界内。核心流程是直接与产品或服务的生产和提供相关的主要活动，如产品的制造加工、组装等环节。辅助流程则是支持核心流程但并非直接产生产品或服务的活动，如企业的行政管理、办公设施运行等。在确定系统边界时，通常需要重点考虑核心流程对温室气体排放的贡献，同时根据实际情况和相关性原则合理纳入部分辅助流程。例如，对于一家电子产品制造企业，产品的生产组装过程是核心流程，其相关的能源消耗和排放应纳入系统边界；而企业办公楼的照明、空调等办公设施运行属于辅助流程，在评估时可能需要根据其与产品生产的关联程度和能源消耗的比重等因素来决定是否纳入，如果办公设施的能源消耗主要是为了支持产品生产活动，那么可能需要将其部分或全部纳入系统边界进行评估。

（2）上游与下游边界

界定产品或服务全生命周期的上游和下游边界。上游边界涵盖原材料的获取、生产和运输等环节，直至产品进入生产企业。例如，对于汽车制造企业，上游边界包括钢铁、橡胶、塑料等原材料的生产，以及这些原材料运输到汽车工厂的过程。下游边界则包括产品的运输、销售、使用和废弃处理等环节。以家具产品为例，下游边界包括家具从工厂运输到零售商、消费者购买后使用过程中的能源消耗（如照明、空调使用等与家具使用相关的能耗），以及家具废弃后回收、拆解或处置过程中的排放。在确定上下游边界时，需要考虑各环节对产品碳足迹的实际影响及数据的可获取性和准确性,合理确定纳入评估的范围和深度。

5)数据获取

(1)数据类型

数据类型包括能源消耗数据、原材料使用数据、运输数据、生产过程数据等多种类型。能源消耗数据如电力、煤炭、天然气等的使用量,原材料使用数据包括各种原材料的采购量、消耗量和成分信息,运输数据涵盖运输方式、运输距离、运输工具的能源效率等,生产过程数据如生产工艺参数、设备运行时间、产品产量等。例如,对于一个化工产品生产企业,需要收集生产过程中各个反应釜的能源消耗(电力、蒸汽等)数据、原材料(如各种化学原料)的使用量和纯度数据、产品运输到客户的运输方式(公路、铁路、海运等)和运输距离数据,以及生产工艺中化学反应的温度、压力等参数数据。

(2)数据来源

数据来源广泛,可来自企业内部记录、供应商提供的信息、行业数据库、公开文献等。企业内部记录如生产报表、能源账单、原材料采购记录等是重要的数据来源;供应商可以提供原材料生产过程的相关数据,如原材料的碳含量、生产能源消耗等信息;行业数据库和公开文献可提供一些通用的排放因子、行业平均数据等参考信息。例如,一家电子制造企业可以从自身的生产车间获取设备运行时间和电力消耗数据,从原材料供应商处了解原材料的生产工艺和碳排放情况,同时参考行业权威数据库获取电子产品生产过程中的典型排放因子数据。

(3)数据质量要求

数据质量要求强调数据的准确性、可靠性、时效性和一致性。准确性是指数据应准确反映实际的能源消耗和排放情况,通过合理的测量方法和设备获取,并进行必要的验证和审核。可靠性是指数据要可靠,来源可信,避免使用未经证实或来源不明的数据。时效性要求数据能够反映当前的生产和运营情况,对于一些变化较快的因素(如能源价格、生产工艺改进等),应及时更新数据。同时,一致性要求数据在不同时间点和不同部门之间应保持一致,确保碳足迹计算的准确性和可比性。例如,企业在每年进行碳足迹评估时,应检查和更新能源消耗数据,确保其与实际生产情况相符;对于从不同供应商获取的原材料数据,应进行一致性核对,避免因数据差异导致碳足迹计算错误。

6)排放分配

(1)多产品或服务共享排放的分配方法

当生产过程中存在多个产品或服务共享同一排放源时,需要采用合理的分配方法将排放分配到各个产品或服务上。常见的分配方法有基于产品产量、经济价值、能源消耗等。例如,在一个炼油厂同时生产汽油和柴油的情况下,如果采用产量分配法,可以根据汽油和柴油的产量比例来分配炼油过程中的温室气体排放;如果采用经济价值分配法,则根据汽油和柴油的市场价值比例进行分配。选择合适的分配方法应基于生产过程的实际情况和各产品或服务与排放源的关联程度,同时要保证分配结果的合理性和准确性。

(2)分配原则和依据

分配原则应遵循相关性、合理性和一致性。相关性要求分配因子与产品或服务对排放源的使用或影响密切相关；合理性确保分配结果能够反映实际的排放情况和各产品或服务的责任；一致性要求在不同时间和不同情况下对类似的共享排放分配采用相同的原则和方法。分配依据可以是物理量（如产量、质量、体积等）、经济指标（如产值、利润等）或其他与排放相关的合理指标。例如，在一个综合性工业园区内，有多个企业共享园区的污水处理设施，分配污水处理过程的温室气体排放时，可以根据各企业的污水排放量（物理量）或企业的产值占园区总产值的比例（经济指标）来进行分配，同时要在园区的碳排放报告中明确说明分配原则和依据，以保证数据的透明度和可重复性。

7）产品温室气体排放计算

（1）计算方法选择

该标准提供了多种温室气体排放计算方法，包括基于活动数据和排放因子的计算方法、质量平衡法等。基于活动数据和排放因子的方法是最常用的，通过收集产品全生命周期各阶段的活动数据（如能源使用量、原材料消耗量等），乘以相应的排放因子（每单位活动的温室气体排放量）来计算排放。例如，计算生产过程中电力消耗产生的二氧化碳排放，活动数据为用电量（kW·h），排放因子为每千瓦时电力对应的二氧化碳排放量（g二氧化碳当量/(kW·h)），则二氧化碳排放量＝用电量×排放因子。质量平衡法适用于一些特定的生产过程，如化学反应过程中，根据反应物和产物的质量变化及化学反应方程式来计算温室气体的生成或消耗。企业应根据产品的特点和数据的可获取性选择合适的计算方法，并确保计算过程的准确性和合理性。

（2）排放因子确定

排放因子的确定是准确计算温室气体排放的关键。可以采用国际公认的排放因子数据库、行业特定的排放因子研究成果，或企业自身实测的排放因子。对于一些通用的能源消耗，如电力、煤炭等，国际上有一些权威的数据库提供了相应的排放因子，企业可以直接参考使用。但对于一些特定的生产工艺或原材料，可能需要参考行业研究报告或自行进行实测来确定更准确的排放因子。例如，一个新型材料生产企业，其生产工艺独特，使用的原材料也较为特殊，在计算温室气体排放时，可能需要通过对生产过程中的排放进行监测和分析，确定适合自身生产工艺的排放因子，以提高碳足迹计算的准确性。

（3）计算过程示例

以一个简单的产品为例，如塑料瓶的生产。在原材料获取阶段，计算聚乙烯原材料生产过程中的温室气体排放，需要获取聚乙烯生产的能源消耗数据（如电力、天然气使用量）和相应的排放因子，按照计算方法计算出原材料生产的排放。在生产加工阶段，计算塑料瓶成型过程中的能源消耗（如注塑机的电力消耗）和相关排放，以及可能的工艺排放（如某些添加剂挥发产生的温室气体）。运输阶段，计算原材料运输到工厂和成品塑料瓶运输到客户处的运输排放，根据运输方式（如卡车运输）、运输距离和运输工具的排放因子计算。最后，将各个阶段的排放相加，得到塑料瓶全生命周期的温室气体排放总量，并以单位产品（如每个塑料瓶）的碳足迹表示。通过这样的详细计算过程，可以全面了解产品的碳足迹构成，为企业改进生产工艺、降低碳排放提供依据。

8）符合性声明

（1）声明内容要求

企业需要在碳足迹报告中提供符合性声明，声明内容应包括对遵循 PAS 2050 标准的确认，说明碳足迹评估过程是否符合标准的要求和规定。同时，要对报告的准确性和可靠性进行声明，表明企业已经采取了合理的措施来确保数据的质量和计算的准确性。例如，声明中应明确指出企业在数据收集、计算方法选择、排放因子确定等方面严格按照 PAS 2050 标准流程进行操作，并且对数据进行审核和验证，以保证报告结果能够真实反映产品或服务的温室气体排放情况。

（2）声明的责任与签署

符合性声明应由企业的相关负责人签署，明确责任主体。通常是企业的高层管理人员或负责环境管理、碳足迹评估的主管人员签署声明，以表明企业对报告内容的负责态度。签署人应了解声明的意义和法律责任，确保声明的真实性和有效性。声明的签署不仅是对企业自身碳排放管理工作的一种承诺，也是向利益相关者（如消费者、投资者、监管机构等）展示企业在碳足迹评估方面的合规性和透明度，增强企业的社会责任感和公信力。

（3）声明的验证与监督

为了确保符合性声明的可信度，可能需要进行第三方验证或接受相关监管机构的监督。第三方验证机构可以对企业的碳足迹评估过程和报告进行独立审核，检查企业是否真正符合 PAS 2050 标准的要求，以及验证数据的准确性和计算方法的合理性。监管机构也可以对企业的碳足迹报告进行抽查和监督，确保企业在碳排放信息披露方面的真实性和合规性。如果发现企业的符合性声明存在虚假或误导性信息，企业可能会面临法律责任和声誉损失。因此，企业在发布符合性声明时应谨慎对待，确保其符合实际情况并能够经得起验证和监督。

1.5.2　国内标准和方法

1.5.2.1　《省级温室气体清单编制指南（试行）》

1. 制定机构

《省级温室气体清单编制指南（试行）》通常由各国的环境管理部门、应对气候变化专门机构或相关科研单位制定。例如，生态环境部等部门在制定省级温室气体清单编制指南方面发挥重要作用，这些部门组织专家团队，结合国家和地方的实际情况、国际通行的核算方法及科学研究成果来制定指南。

2. 定位

《省级温室气体清单编制指南（试行）》是省级温室气体管理基础工具，是省级层面量化温室气体排放的关键依据，为各省份准确掌握自身温室气体排放状况提供了标准化的方法和流程。这对于制定符合本省实际的应对气候变化政策、规划减排路径和评估减排效果具有重要意义，是衔接国家与地方行动的纽带，在国家和地方应对气候变化工作中起到承上启下的作用。一方面，它以国家温室气体清单编制要求为基础，保证省级清单与国家清单在核算方法、数据质量等方面的协调性；另一方面，考虑各省在经济结构、能源结构、产业发展水平等方面的差异，该指南为地方提供了灵活调整和细化核算的空间，使地方行动更具针对性，为省级政府部门在制定能源政策、产业政策、环境政策等决策过程中提供数据支持，帮助其合理分配资源、确定减排重点领域。同时，省级温室气体清单是展示地方减排成果的重要支撑材料，有助于提升国际形象，加强国际应对气候变化的交流与合作。

3. 适用对象

1）省级政府部门

该指南主要适用对象包括省级生态环境厅（局）、发展改革委等与应对气候变化、能源管理和环境规划相关的部门。这些部门负责组织、协调和监督本省的温室气体清单编制工作，利用清单结果进行政策制定、目标设定和效果评估。

2）地方科研机构与咨询单位

地方科研机构和咨询单位可依据指南开展温室气体清单的编制研究工作，为政府部门提供技术支持和专业建议。例如，帮助分析清单数据背后的排放趋势、减排潜力等，为科学合理地制定应对气候变化策略提供依据。

3）重点排放企业（间接适用）

虽然指南主要针对省级层面的核算，但重点排放企业在配合地方政府开展温室气体排放数据收集和报告工作时，也需要了解和遵循指南中相关的核算方法和数据要求。因为企业排放数据是构成省级温室气体清单的重要基础，准确的企业数据有助于提高省级清单的质量。

4. 主要内容

该指南共包括 7 章内容，与《2006 年 IPCC 国家温室气体清单指南》一致，按部门划分为能源活动、工业生产过程、农业、土地利用变化和林业及废弃物处理。不同部门的清单编制指南分布在第一～五章，并对碳排放计量工作提供指南。除此之外还包括不确定性以及质量保证和质量控制的内容。总体来说，该指南是以《2006 年 IPCC 国家温室气体清单指南》为范例，根据我国国情发布的。

1.5.2.2 《工业其他行业企业　温室气体排放核算方法与报告指南（试行）》

1. 制定机构

该指南是由国家发展和改革委员会组织相关行业协会、科研机构、企业专家等多方面力量共同制定。这些参与方综合考虑了我国各行业的实际生产情况、能源利用特点、排放源特性及国际上先进的核算理念和方法，通过多轮的研讨、征求意见和修订，最终形成一套符合我国国情且科学合理的行业企业温室气体核算和报告标准。

2. 定位

1）行业标准与规范

作为中国行业企业温室气体核算和报告的规范性文件，该指南为各行业提供了统一的核算方法和报告标准。在不同行业中，由于生产工艺、能源类型、排放源等存在巨大差异，该指南就像一把精准的标尺，衡量和规范了每个行业企业温室气体排放的量化和信息披露工作，避免了因核算方法和报告标准不一致造成的数据混乱和不可比问题。

2）政策执行的重要支撑

从国家应对气候变化政策的角度来看，指南为政策的有效执行提供了关键支撑。政府在制定碳排放总量控制目标、分配碳排放配额、开展碳排放交易、实施碳排放监管等政策措施时，需要准确、可靠且可比的企业温室气体排放数据。该指南确保了企业排放数据的质量，为政策制定和执行奠定坚实的数据基础，使政策能够精准落地，实现减排目标。

3）企业低碳转型的指南

对企业而言，它是企业实现低碳转型的行动指南。企业通过按照指南的要求核算温室气体排放，可以全面、清晰地了解自身的碳排放状况，包括排放源分布、排放量大小及排放趋势等。这有助于企业识别高排放环节，挖掘减排潜力，制定符合企业实际的低碳发展战略，进而在低碳经济的浪潮中提升竞争力，实现可持续发展。

3. 适用对象

1）重点排放行业

能源行业：如电力、煤炭、石油和天然气开采与加工等企业。电力企业在发电过程中，无论是传统的火力发电（煤电、气电）还是可再生能源发电（水电、风电、光电等在设备制造、安装和维护过程中也有一定的间接排放），都存在温室气体排放。煤炭、石油和天然气行业企业在开采、加工、运输和储存过程中有大量的甲烷等温室气体的逸散排放和能源消耗产生的二氧化碳排放。

工业制造业：如钢铁、水泥、化工、有色冶金等行业企业。钢铁企业在炼铁、炼钢、轧钢等生产工艺中，存在大量的化石燃料燃烧排放和工业过程排放，如石灰石分解产生二氧化碳。水泥企业在石灰石煅烧生产水泥熟料过程中，二氧化碳排放量巨大。化工企业由于生产工艺复杂多样，从原料生产到产品合成的各个环节都可能存在温室气体排放，包括反应过程排放、能源消耗排放和物料挥发排放等。有色冶金企业在矿石冶炼过程中也有大量的能源消耗和工业过程排放。

建材行业（除水泥外）：玻璃、陶瓷等企业在生产过程中有大量的能源消耗，主要用于窑炉加热，这些能源消耗产生的温室气体排放是核算的重点。同时，部分建材产品生产过程中的原料反应也可能产生少量排放。

交通运输行业：如航空、铁路、公路、水运等运输企业。航空运输企业的飞机燃油消耗时会产生大量的二氧化碳，且高空排放对气候的影响有其特殊性。铁路运输企业除了机车燃油或电力消耗排放外，还包括基础设施建设和维护过程中的排放。公路运输企业的排放源主要是各类机动车的燃油消耗，其排放具有分散、量大的特点。水运企业的船舶燃油消耗是其主要排放源，且船舶排放对海洋环境和气候也有一定的影响。

2）纳入碳排放管理体系的企业

无论是碳排放交易试点地区还是全国碳排放交易市场覆盖范围内的企业，都需要依据该指南进行温室气体排放核算和报告。这些企业被纳入碳排放管理体系，受到碳排放配额分配、交易、监测、报告和核查等一系列制度的约束。通过准确核算和报告温室气体排放，企业可以合理管理自己的碳排放配额，避免因排放超标而面临高额的罚款，同时也可以通过减排获得额外的经济收益，如出售多余的碳排放配额。

4. 主要内容

1）适用范围

该指南明确规定了所针对的行业领域涵盖电力、钢铁、化工等重点排放行业，并确定哪种类型的企业、哪些生产环节或工艺流程在指南的管辖范畴内，以便企业明确自身是否需要依据此指南开展核算与报告工作。

2）核算边界

（1）组织边界

该指南确定企业组织层面的核算范围，基于股权比例控制、财务控制或运营控制等方法。例如，以企业法人或者集团公司合并报表范围内的运营实体为组织边界等。

（2）运营边界

企业运营中温室气体的排放分为直接排放和间接排放。直接排放包括企业拥有或控制的排放源产生的温室气体排放，如生产设备燃烧化石燃料产生的二氧化碳排放。间接排放涵盖企业消耗外购电力、热力等所产生的温室气体排放，因为这些能源在生产过程中已产生了温室气体。

3）核算方法

（1）排放源识别与分类

对企业内各类可能产生温室气体排放的源头进行识别，如锅炉、熔炉、车辆等设备，同时按照排放气体种类（如二氧化碳、甲烷等）和排放源性质（燃烧排放、过程排放等）进行分类。

（2）活动数据收集

企业需要收集与温室气体排放相关的活动数据，例如，化石燃料的消耗量、产品产量、设备运行时间等。这些数据是计算温室气体排放量的基础，数据的准确性和完整性对于核算结果至关重要。

（3）排放因子确定

根据不同的排放源和活动类型，确定相应的排放因子。排放因子可以是企业自行实测得到，也可以采用政府部门或国际权威机构发布的缺省值。例如，煤炭燃烧的二氧化碳排放因子，根据煤炭的种类和品质有不同的值。

（4）排放量计算

根据选定的核算方法，一般是活动数据乘以排放因子来计算温室气体排放量。对于复杂的生产工艺,可能需要综合考虑多个步骤和不同排放源的情况,采用合适的计算公式或模型。

4)质量保证和文件存档

(1)质量保证

企业要建立温室气体排放核算与报告的质量保证体系,包括对数据收集、处理和计算过程的质量控制措施。例如,对数据进行定期的审核和验证,确保数据的准确性和可靠性。同时,对核算方法的选择和应用进行合理性评估,防止出现错误或不合理的计算。

(2)文件存档

企业需要妥善保存与温室气体排放核算和报告相关的所有文件,包括活动数据记录、排放因子来源文件、核算过程文档、报告副本等。这些文件的保存期限应符合相关规定,以便在需要时可以进行追溯和核查。

5)温室气体报告

企业应按照规定的格式和内容要求编制温室气体排放报告,报告内容包括企业基本信息、核算边界、排放源情况、核算方法、排放量计算结果等。报告应定期提交给相关政府部门或其他监管机构,并且要保证报告内容的真实性和完整性。同时,对于报告中的数据和信息变化情况要及时更新和说明。

1.6　碳排放的发展趋势

1.6.1　全球碳排放趋势

1. 总量增长

随着全球经济的发展和人口的增长,能源需求不断增加,导致全球碳排放总量持续增长。尤其是发展中国家的工业化和城市化进程加快,能源消费和碳排放增长迅速。

2. 行业分布变化

碳排放的行业分布也在发生变化。传统的高耗能行业,如钢铁、水泥、化工等,仍然是碳排放的主要来源。但随着可再生能源的发展和能源效率的提高,一些新兴行业如新能源汽车、智能制造等,其碳排放强度逐渐降低。

3. 地区差异

全球碳排放存在明显的地区差异。发达国家在过去几十年中已经实现了一定程度的减排,但发展中国家的碳排放增长仍然较快。此外,不同地区的能源结构、经济发展水平和政策措施也会影响全球碳排放的趋势。

1.6.2　中国碳排放趋势

1. 快速增长阶段

改革开放以来，我国经济快速发展，能源消费和碳排放也迅速增长。特别是在工业化和城市化进程中，钢铁、水泥、化工等重工业的发展导致碳排放增长迅速。

2. 增速放缓阶段

近年来，我国政府加大了节能减排力度，采取了一系列政策措施，如推广可再生能源、提高能源效率、加强环境保护等。这些措施取得了一定成效，我国碳排放增速逐渐放缓。

3. 达峰目标

我国政府提出了碳达峰、碳中和的目标，为实现这一目标，我国将进一步加大节能减排力度，加快能源结构调整优化，推动经济高质量发展。

1.6.3　减少碳排放的未来发展方向

1. 能源转型

加快能源转型，大力发展可再生能源，如太阳能、风能、水能、生物质能等，减少对化石燃料的依赖，是实现碳减排目标的关键。可再生能源具有清洁、可再生、低碳等优点，能够有效降低碳排放。

2. 提高能源效率

提高能源效率是减少碳排放的重要途径。通过采用先进的技术和设备，优化能源管理，提高能源利用效率，可以降低能源消耗和碳排放。例如，推广节能建筑、节能家电、高效工业设备等。

3. 发展低碳交通

交通运输是碳排放的重要领域之一，发展低碳交通，如推广新能源汽车、优化交通结构、提高公共交通出行比例等，可以有效降低交通领域的碳排放。

4. 碳捕获与封存

碳捕获与封存技术是一种将工业生产过程中产生的二氧化碳捕获并封存起来的技术。该技术可以减少工业生产过程中的碳排放，为实现碳减排目标提供技术支持。

5. 碳交易市场

建立碳交易市场，通过市场机制促进企业减排，是实现碳减排目标的重要手段。

碳交易市场可以激励企业采取减排措施,降低碳排放成本,同时也可以为减排项目提供资金支持。

　　碳排放是全球气候变化的主要原因之一,对人类生存和发展构成严重威胁,准确测量和评估碳排放对于制定有效的减排政策和措施至关重要。本章详细介绍了碳排放的各种方法,包括其来源、内容、算法和适用对象。同时,分析了碳排放的发展趋势,包括全球和中国的碳排放趋势,以及未来的发展方向。未来,我们需要加快能源结构转型,提高能源效率,发展低碳交通,推广碳捕获与封存技术,建立碳交易市场等,共同努力实现碳减排目标,为保护地球家园作出贡献。

参 考 文 献

[1]　全国能源信息平台. 过去十年全球温室气体排放创新高[EB/OL]. https://baijiahao.baidu.com/s?id=17687338476235-88003&wfr=spider&for=pc[2023-06-14].

[2]　Huang Z J, Zhou H, Miao Z J, et al. Life-cycle carbon emissions (LCCE) of buildings: Implications, calculations, and reductions[J]. Engineering, 2024, 35: 115-139.

[3]　王贵师. 数字频率锁定技术空气中甲烷浓度测量中的应用[C]//第 19 届中国大气环境科学与技术大会暨中国环境科学学会大气环境分会 2012 年学术年会, 青岛, 2012.

[4]　一氧化二氮与环境的关系. https://www.isa.ac.cn/kxcb/kpwz/202012/t20201221_5831302.html[2024-11-05].

[5]　王洪臣, 陈加波, 张景炳, 等. 《污水处理厂低碳运行评价技术规范》标准解读及案例展示[J]. 环境工程学报, 2023, 17(3): 705-712.

[6]　程豪. 碳排放怎么算: 《2006 年 IPCC 国家温室气体清单指南》[J]. 中国统计, 2014(11): 28-30.

[7]　世界可持续发展工商理事会, 世界资源研究所. 温室气体核算体系: 企业核算与报告标准[M]. 许明珠, 宋然平主译. 北京: 经济科学出版社, 2012.

[8]　黄章庆, 孙丹峰, 季幼章. 解读 PAS 2050: 2008 商品和服务在生命周期内的温室气体排放评价规范[C]//中国电子学会敏感技术分会电压敏专业学部第十九届学术年会, 武汉, 2012.

本章作者: 重庆大学　丁勇,陈雯笛,卜嘉欣

第2章　城乡建设绿色发展

2.1　背　　景

建筑业能带动上下游 50 多个产业的发展，因此其高质量发展势在必行。而绿色发展是建筑业高质量发展的必然要求，是落实碳达峰、碳中和目标的重要举措，是推进行业转型升级的强大动力。中共中央办公厅、国务院办公厅印发了《关于推动城乡建设绿色发展的意见》（中办发〔2021〕37 号）文件，对转变城乡建设发展方式，实现工程建设全过程绿色建造作出了具体部署。在住房和城乡建设部、国家发展改革委印发的《城乡建设领域碳达峰实施方案》中，进一步明确了城乡建设领域碳达峰、碳中和的发展路径。当前，重庆市虽然在推动建筑行业绿色发展和建筑产业现代化方面取得了积极成效，但离党中央、国务院的要求还存在一定差距，在政策覆盖面、产业支撑力度、建设质量提升、市场机制完善等方面有待进一步优化。

建筑业对国民经济发展贡献很大，同时凸显的问题也很多。新形势下，建筑业依靠规模快速扩张的传统发展模式难以为继，行业发展面临着前所未有的机遇和挑战，建筑业发展质量亟待提高，因此迫切需要走绿色低碳转型高质量发展道路。同时建筑材料生产、施工、运行阶段的碳排放总量合计占全国碳排放总量的 52%，即做好建筑领域的碳减排工作，能有效助力我国碳达峰、碳中和目标的实现。当前城乡建设领域呈现出提升节能降耗减污水平、提升环境健康舒适性能、促进可再生能源应用转型发展、加大应用建筑信息模型（building information model，BIM）等数字化技术等趋势，绿色低碳转型趋势明显。大力推进建筑业绿色可持续发展可在全生命周期内节约资源、保护环境、减少污染，为人们提供健康、舒适、高效的高品质生活，最大限度地实现人与自然和谐共生。同时建筑业践行绿色低碳发展，回归到产品力的本源，有助于改变以往高杠杆、高负债、高周转的模式，推动行业健康可持续发展。

2.2　现　状　分　析

为了从绿色低碳化建设的发展现状中总结出目前重庆市各方面仍存在的问题，本章归纳政策、产业、行业的发展现状，对国家及重庆市的绿色低碳化建设进行分析。

2.2.1　国家绿色低碳化建设发展现状

现阶段，我国建筑节能与绿色建筑发展已取得重大进展，国务院确定的各项工作任务和"十三五"建筑节能与绿色建筑发展规划目标圆满完成，主要体现在以下几个方面。

（1）**绿色建筑实现跨越式发展**，法规标准不断完善，标识认定管理逐步规范，建设规模迅速增长。2020 年全国城镇新建绿色建筑占当年新建建筑面积比例达到 77%，截至 2020 年年底累计建成绿色建筑面积超过 66 亿 m^2。

绿色低碳技术体系逐步完善。通过对国家现行的《绿色建筑评价标准》（GB/T 50378—2019）与《近零能耗建筑技术标准》（GB/T 51350—2019）进行技术梳理，探索现阶段国家绿色低碳技术体系，以落实碳达峰、碳中和的关键目标，见表 2.1。

表 2.1　国家绿色低碳技术体系梳理

类别	序号	技术	备注
低碳降耗类	1	合理规划布局	被动式节能
	2	围护结构热工性能提高	
	3	热桥优化处理	
	4	气密性提升	
	5	建筑遮阳	
	6	自然采光	
	7	自然通风	
	8	高效冷热源机组	主动式节能
	9	空调输配及末端系统能耗降低	
	10	新风余热回收	
	11	节能型设备及节能控制	
	12	电梯群控及能量回馈	
	13	建筑光伏一体化	可再生能源利用
	14	建筑光热系统	
	15	地源热泵	
	16	江水源热泵	
	17	空气源热泵	
绿色资源节约类	18	节约集约利用土地	节地与土地利用
	19	废弃场地利用	
	20	地下空间开发利用	
	21	停车设施优化设计	
	22	土建装修一体化	节材与材料资源利用
	23	工业化内装部品	
	24	工业化结构体系	
	25	高强钢筋及混凝土应用	
	26	可再循环材料使用	
	27	绿色建材	
	28	高效节水器具	节水与水资源利用
	29	节水灌溉及冷却水节水技术	

续表

类别	序号	技术	备注
绿色资源节约类	30	雨水综合设施	节水与水资源利用
	31	非传统水源利用	
	32	抗震性能提升	安全耐久性能
	33	安全防护措施	
	34	安全防护产品	
	35	地面防滑措施	
	36	建筑适变性提升	
	37	建筑部件耐久	
	38	结构材料耐久	
	39	装饰材料耐久	
	40	建设工程质量保险	
	41	室内空气污染物控制	健康舒适性能
	42	装饰装修材料有害物降低	
	43	车库一氧化碳联动通风	
	44	水质卫生安全	
	45	室内声环境及构件隔声性能提升	
	46	热湿环境改善	
建筑性能提升类	47	提升公共交通便捷性	生活便利性能
	48	公共区域全龄化设计	
	49	便利的公共服务	
	50	开敞空间可达性	
	51	健身场地与空间设置	
	52	用能远传计量	
	53	空气质量监测	
	54	用水远传计量及水质监测系统	
	55	智能化服务系统	
	56	建筑信息模型技术	
	57	场地生态环境修复	环境宜居性能
	58	海绵城市设计	
	59	场地空间绿化	
	60	室外吸烟区布置	
	61	绿色雨水基础设施	
	62	场地噪声改善	
	63	避免光污染	
	64	室外风环境优化	
	65	降低热岛强度	

（2）城镇新建建筑节能标准进一步提高，超低能耗建筑建设规模持续增长，近零能耗建筑实现零的突破。严寒寒冷地区城镇新建居住建筑节能达到 75%，累计建成节能建筑面积超过 238 亿 m^2，节能建筑占城镇民用建筑面积比例超过 63%，累计建设完成超低、近零能耗建筑面积近 0.1 亿 m^2。

（3）公共建筑能效提升持续推进，既有居住建筑节能改造稳步实施，合同能源管理等市场化机制建设取得初步成效。"十三五"期间，完成既有居住建筑节能改造面积 5.14 亿 m^2、公共建筑节能改造面积 1.85 亿 m^2。

（4）可再生能源应用规模持续扩大，太阳能光伏装机容量不断提升，可再生能源替代率逐步提高。"十三五"期间，城镇建筑可再生能源替代率达到 6%。

（5）装配式建筑快速发展，政策不断完善，示范城市和产业基地带动作用明显。"十三五"期间，全国新开工装配式建筑占城镇当年新建建筑面积比例为 20.5%。

（6）绿色建材评价认证和推广应用稳步推进，政府采购支持绿色建筑和绿色建材应用试点持续深化。

2.2.2 重庆市绿色低碳化建设发展现状

现阶段，重庆市绿色建筑的各项工作目标和任务已取得一定成果，为推进绿色建筑高质量发展奠定了基础，主要体现在以下几个方面。

1. 绿色建筑品质逐步提升

重庆市大力发展高星级绿色建筑和绿色生态住宅小区，推动全市政府投资或以政府投资为主的新建公共建筑、社会投资建筑面积 2 万 m^2 及以上的大型公共建筑执行二星级及以上的绿色建筑标准；培育了西南地区首个近零能耗示范建筑——悦来美术馆（悦来海绵城市展示中心），以及一批基于整体解决方案的超低能耗或近零能耗示范项目，推动悦来生态城创建国家首批绿色生态城区。截至 2020 年末，新建城镇建筑设计阶段执行绿色建筑标准的比例达到 95.61%，竣工阶段绿色建筑比例达到 57.24%，累计组织实施高星级绿色建筑 2441.35 万 m^2、绿色生态住宅小区 10642.77 万 m^2。在 2021 年，绿色建筑占城镇新建建筑的比例达 65.71%；组织实施高星级绿色建筑 261.03 万 m^2，绿色生态住宅小区 838.06 万 m^2。在 2022 年，重庆市执行绿色建筑标准项目共计 3967 个，总面积为 3790.54 万 m^2，其中居住建筑 2389 个，面积为 2487.94 万 m^2，公共建筑 1578 个，面积为 1302.60 万 m^2。

通过对重庆市现行的《绿色建筑评价标准》（DBJ50/T-066—2020）、《绿色生态住宅（绿色建筑）小区建设技术标准》（DBJ50/T-039—2020）、《公共建筑节能（绿色建筑）设计标准》（DBJ50-052—2020）、《居住建筑节能 65%（绿色建筑）设计标准》（DBJ50-071—2020）等标准进行技术梳理，探索现阶段重庆市绿色低碳技术体系，以落实碳达峰、碳中和的关键目标，详见表 2.2。

表 2.2　重庆市绿色低碳技术体系梳理

类别	序号	技术	备注
低碳降耗类	1	合理规划布局	被动式节能
	2	围护结构热工性能提高	
	3	热桥优化处理	
	4	气密性提升	
	5	建筑遮阳	
	6	自然采光	
	7	自然通风	
	8	高效冷热源机组	主动式节能
	9	空调输配及末端系统能耗降低	
	10	新风余热回收	
	11	节能型设备及节能控制	
	12	电梯群控及能量回馈	
	13	建筑光伏一体化	可再生能源利用
	14	建筑光热系统	
	15	地源热泵	
	16	江水源热泵	
	17	空气源热泵	
绿色资源节约类	18	节约集约利用土地	节地与土地利用
	19	废弃场地利用	
	20	地下空间开发利用	
	21	停车设施优化设计	
	22	土建装修一体化	节材与材料资源利用
	23	预制装配式楼板与内隔墙	
	24	工业化内装部品	
	25	工业化结构体系	
	26	高强钢筋及混凝土应用	
	27	可再循环材料使用	
	28	绿色建材	
	29	高性能建筑垃圾再生自保温砌体材料	
	30	高效节水器具	节水与水资源利用
	31	节水灌溉及冷却水节水技术	
	32	雨水综合设施	
	33	非传统水源利用	
建筑性能提升类	34	抗震性能提升	安全耐久性能
	35	安全防护措施	
	36	安全防护产品	
	37	地面防滑措施	
	38	建筑适变性提升	

续表

类别	序号	技术	备注
建筑性能提升类	39	建筑部件耐久	安全耐久性能
	40	结构材料耐久	
	41	装饰材料耐久	
	42	建设工程质量保险	
	43	室内空气污染物控制	健康舒适性能
	44	装饰装修材料有害物降低	
	45	车库一氧化碳联动通风	
	46	水质卫生安全	
	47	室内混响时间与吸声性能控制	
	48	室内声环境及构件隔声性能提升	
	49	热湿环境改善	
	50	公共交通便捷联系	生活便利性能
	51	公共区域全龄化设计	
	52	便利的公共服务	
	53	开敞空间可达性	
	54	健身场地与空间设置	
	55	急救医疗设施	
	56	用能远传计量	
	57	空气质量监测	
	58	用水远传计量及水质监测系统	
	59	物联型消防供水泵房	
	60	建筑智慧运维系统	
	61	淋浴器设置恒温混水阀	
	62	智能化服务系统	
	63	建筑信息模型技术	
	64	场地生态环境修复	环境宜居性能
	65	海绵城市设计	
	66	场地空间绿化	
	67	挡墙垂直绿化及屋顶绿化	
	68	底层架空设计	
	69	室外吸烟区布置	
	70	绿色雨水基础设施	
	71	土石方平衡	
	72	场地噪声改善	
	73	避免光污染	
	74	室外风环境优化	
	75	降低热岛强度	

　　绿色建筑政策在持续完善和实施中,重点包括建筑节能、可再生能源利用、绿色建

材使用、建筑工业化和数字化。重庆市已出台多项政策，目标是到 2025 年，绿色低碳建材在新建城镇建筑中的使用比例至少达到 70%，2030 年提升至 80%；装配式建筑在 2030 年的新建建筑中占比达到 40%；绿色社区创建率在 2030 年达到 70%；2025 年起城镇新建建筑全面执行绿色建筑标准，且星级绿色建筑占比超过 30%，以及到 2025 年新增 500 万 m² 城镇既有建筑的绿色化改造。重庆市致力于构建单体建筑、住宅小区和生态城区的绿色发展体系，推动建筑节能向绿色建筑的转型。通过结合强制措施和激励政策，重庆市正逐步扩大绿色建筑标准的执行范围，逐步实现全市城镇规划区内新建民用建筑全面执行绿色建筑标准。同时按照经济、适用、安全、可靠、稳定的原则，着力优化完善以"隔热、通风、除湿、采光、遮阳"为主导的绿色建筑技术路线。"十三五"期间，重庆市编制修订发布了 38 项与绿色建筑相关的地方标准和图集，形成了绿色建筑的设计、施工、验收及评价全过程配套齐全的技术标准体系，见表 2.3。

表 2.3　"十三五"期间重庆市发布的主要绿色建筑标准

序号	标准名称
1	《公共建筑节能（绿色建筑）设计标准》（DBJ50-052—2020）
2	《居住建筑节能 65%（绿色建筑）设计标准》（DBJ50-071—2020）
3	《绿色建筑评价标准》（DBJ50/T-066—2020）
4	《绿色生态住宅（绿色建筑）小区建设技术标准》（DBJ50/T-039—2020）
5	《建筑节能（绿色建筑）工程施工质量验收规范》（DBJ50-255—2017）
6	《烧结页岩多孔砖和空心砖砌体结构技术标准》（DBJ50/T-037—2017）
7	《蒸压加气混凝土砌块应用技术规程》（DBJ50-055—2016）
8	《蒸压加气混凝土精确砌块自承重墙体工程应用技术规程》（DBJ50/T-240—2016）
9	《Z 型混凝土复合保温砌块自承重墙体工程技术规程》（DBJ50/T-236—2016）
10	《保温装饰复合板外墙外保温系统应用技术规程》（DBJ50/T-233—2016）
11	《民用建筑外门窗应用技术标准》（DBJ50/T-065—2020）
12	《民用建筑辐射供暖技术标准》（DBJ50/T-299—2018）
13	《建筑采光屋面技术标准》（DBJ50/T-305—2018）
14	《建筑通风器应用技术规程》（DBJ50/T-242—2016）
15	《大型公共建筑自然通风应用技术标准》（DBJ50/T-372—2020）
16	《既有居住建筑节能改造技术规程》（DBJ50/T-248—2016）
17	《既有民用建筑外门窗节能改造应用技术标准》（DBJ50/T-317—2019）
18	《机关办公建筑能耗限额标准》（DBJ50/T-326—2019）
19	《公共建筑设备系统节能运行标准》（DBJ50/T-081—2020）
20	《空气源热泵应用技术标准》（DBJ50/T-301—2018）
21	《民用建筑立体绿化应用技术标准》（DBJ50/T-313—2019）
22	《建筑室外环境透水铺装设计标准》（DBJ50/T-247—2016）

2. 新建建筑能效水平显著提升

实施新建城镇建筑全过程闭合管理，夏热冬冷地区执行节能 65%标准，重庆市新建民用建筑节能标准执行率 100%。"十三五"期间，建成节能建筑约 2.61 亿 m^2。截至 2020 年末，累计建成节能建筑约 6.79 亿 m^2。

3. 既有公共建筑节能改造稳步推进

重庆市在全国范围内率先创新性地实施了合同能源管理模式，促进了公共建筑的节能改造，并成功通过了第二批国家公共建筑节能改造重点城市的验收。截至 2020 年底，已完成 1174 万 m^2 公共建筑的节能改造工作，实现了年节约电量 1.2 亿 kW·h，减少二氧化碳排放 12 万 t，节约能源费用达 1 亿元。在 2021 年，重庆市又进一步完成了 85 万 m^2 既有公共建筑的改造任务。

4. 可再生能源建筑应用规模不断扩大

重庆市以"水空调"为重点，率先在全国采用区域能源系统特许经营权的方式集中连片地推动可再生能源建筑规模化应用，形成了江北嘴 CBD（中央商务区）、弹子石 CBD、水土工业园区 3 大集中应用示范片区。2009 年，重庆市获批成为全国首批可再生能源建筑应用示范城市。截至 2020 年末，全市可再生能源建筑应用面积突破 1500 万 m^2，计划到 2025 年，新增可再生能源建筑应用面积 500 万 m^2。

1）光伏

《重庆市能源发展"十四五"规划（2021—2025 年）》要求，到 2025 年，风力和光伏发电装机容量超 370 万 kW·h，清洁能源占比达 50%，建筑领域新增应用面积 3000 万 m^2。规划强调，推动屋顶光伏建设，特别是工业园区和公共建筑。光伏产品包括电池、灯饰、组件、采热板、逆变器、储能设备和充电桩等。重庆市有 170 多家企业参与光伏产业，包括辉腾能源、中节能太阳能和神华薄膜太阳能等。近年来，重庆市光伏项目数量持续增长，2020 年有 2 个重大项目开工，2021 年新增 5 个重大项目。但是，重庆市在光伏上游硅材料产业方面较弱，需加快新型电池片、组件和"光储直柔"系统技术的发展。

2）江水源热泵

重庆市利用丰富的地表水资源，发展了江水源热泵建筑应用，2019 年共完成 30 个江水源热泵项目，覆盖 675.25 万 m^2。江北嘴 CBD 示范项目成为国内最大规模的江水源热泵系统，通过分阶段建设，投资 11 亿元建设了 2 个能源站，为约 400 万 m^2 的公共建筑提供冷热源，节能效果显著。该系统比传统中央空调节能 25%，减少电力需求 52646kW，降低高峰用电负荷，节约用电 5409 万 kW·h、用水 198 万 m^3，减少二氧化碳排放 59938t。此外，重庆市培育了 5 家能源公司，制定了 15 项标准，江水源集中供冷供暖项目覆盖 1000 余万 m^2，服务 580 余万 m^2，总投资约 25 亿元，实现节电 2.32 亿 kW·h、节约 6.9 万 t 标准煤、减排二氧化碳 17.45 万 t。

5. 建筑产业现代化稳步推进

在"十三五"期间，重庆市成为国家级装配式建筑示范城市，建设了超过 1500 万 m^2 的装配式建筑，占新建建筑的 15%以上。重庆市发布了《重庆市装配式建筑产业发展规划（2018—2025 年）》，并做好了产业培育的顶层设计。目前，重庆市拥有混凝土部品部件生产企业 16 家，年产能 235 万 m^3；钢结构构件生产企业 13 家，年产能 241 万 t；内隔墙部品企业 19 家，年产能 2425 万 m^2。2021 年，新开工装配式建筑 1620 万 m^2，占新建建筑的 18.6%。重庆市还培育了 6 个国家级和 29 个市级产业基地。2021 年，重庆市有 61 家装配式混凝土预制构件生产企业，设计年产能为：预制混凝土构件 350 万 m^3，钢结构构件 140 万 t，内隔墙部品 677 万 m^3。2022 年，重庆市有 29 家装配式混凝土预制构件生产企业，设计年产能为：预制混凝土构件 530.6 万 m^3，钢结构构件 130.9 万 t，内隔墙部品 691 万 m^3。重庆市约有 230 个装配式建筑项目，总规模约 1100 万 m^2，其中包括重庆万科项目约 156 万 m^2 和重庆建工高新项目约 220 万 m^2。

6. 绿色建材产业支撑能力不断增强

推动绿色建材技术创新，拓展外墙保温材料种类及技术体系。结合强制与引导推广自保温墙体技术，发展具有地方特色的新型绿色墙材。重庆市结合绿色建筑发展与建材产业转型，建立绿色建材评价制度，形成四大支撑体系（通道体系、平台体系、产业体系、政策体系），截至 2023 年已有 40 个产品获评价标识，培育出 45 家具有全国影响力的绿色建材基地，促进绿色建材产业成长。

重庆市有 81 家绿色建材生产企业备案，包括 24 家预拌混凝土企业，年产量 1200 万 m^3，销售量 1100 万 m^3，产值 42 亿元；门窗企业 2 家，年产量 40 万 m^2，销售量 35 万 m^2，产值 8 亿元；节能玻璃企业 5 家，年产量 150 万 m^2，销售量 140 万 m^2，产值 8 亿元；保温材料企业 17 家，年产量 2100 万 m^2，销售量 2000 万 m^2，产值 3.4 亿元；预拌砂浆企业 8 家，年产量 400 万 t，销售量 350 万 t，产值 78.4 亿元；内隔墙板企业 14 家，年产量 700 万 m^3，销售量 650 万 m^3，产值 14 亿元。全市 800 余家绿色节能建材企业，2019～2021 年研发成果累计 1200 余项，获得专利近 800 项，形成年产值约 400 亿元的产业集群，推动了绿色建筑发展和传统建材产业升级。

7. 智能化开发应用不断深入

重庆市引进了腾讯、阿里、紫光等互联网企业，推动建筑业互联网化。在"十三五"期间，重庆市住房城乡建委与腾讯云合作推出了建筑业首个互联网平台——微瓴智能建造平台，并与紫光建筑云合作发布了天工建筑产业互联网平台，促进建筑产业数字化。重庆市住房城乡建委还成立了智能建造产业联盟，征集了 100 多项大数据智能化技术产品，并引导 100 多家企业成立数字化技术应用研究中心，支持中小企业发展和科技人才吸引。

1）建筑数据中心

重庆市的建筑信息化产业发展主要体现在数字建筑领域。数字建筑通过应用 BIM、数据管理和智能感知等技术，在设计、生产、工地管理、运维、审查和绿色建筑建造等环节实现数字化，与智能建造和城市信息模型（city information modeling，CIM）、地理信息系统（geographic information system，GIS）等技术相结合，提高效率和质量。在"十三五"期间，重庆市推动了以大数据和智能化为核心的创新驱动发展战略，建立了智慧住建云服务平台和行业大数据中心，实现了政务系统的全面上云，积累了约 28 亿条数据，覆盖了约 19 万个工程项目、2 万家企业、200 万人员和 3 亿条城建档案数据，推动了 1381 个 BIM 技术项目在设计和施工阶段的应用。

2）能耗监测平台

重庆市能耗监测平台自 2011 年运营，已连接 452 栋建筑，覆盖 2500 万 m²。该平台要求示范项目和新建大型公共建筑安装能耗监测系统并联网。平台持续扩展，通过监测公共建筑能耗，推动能耗统计、审计和公示制度的研究，以完善节能监管体系。

3）智慧工地

积极推进智慧工地建设，形成三级联动管理体系，创建了 3330 个智慧工地和 150 个数字化工程项目试点。智慧工地平台收集了 129 万条从业人员信息和 4286 万条考勤数据，处理了 9750 份监理报告，并对 4.9 万条工程质量记录进行了动态监管，提升了施工安全、文明程度及信息化、精细化和智能化水平。

8. 建筑节能材料不断升级

自 2005 年重庆市开展建筑节能工作以来，节能率逐步提升，现阶段执行公共建筑节能 50%、居住建筑节能 65%的标准，并向公共建筑节能 78%、居住建筑节能 75%、超低能耗建筑比例提升等方向发展。随着建筑节能设计标准的不断提升，将持续推动建筑围护结构保温性能不断增强，从而带动建筑节能相关产业发展。

1）墙体材料

墙体是建筑的关键部分，占建筑材料的大部分。重庆市住房城乡建委发布通知，要求推广墙体自保温技术体系，并加强质量管理。墙体保温材料包括多种类型，如挤塑聚苯板、岩棉板等，同时也有楼地面保温材料。自保温体系下，新型墙体材料如蒸压加气混凝土制品等正在被推广。重庆有 130 家新型墙体生产企业，年产值 20 亿元，市场年需求量 300 万 m³。建筑保温材料生产企业 226 家，年产量和销售量均达到一定规模，年产值 66.06 亿元。重庆市保温材料产业在质量和技术创新方面不断进步，企业竞争力强。

2）门窗及配套产业

门窗系统性能和外观要求提高，使重庆市建筑节能门窗的保温性能限值从 4.2W/(m²·K)降至 2.8W/(m²·K)，提升了建筑能效和居住品质，促进了门窗市场的快速发展。门窗行业包括门窗、型材、玻璃等产品，如未增塑聚氯乙烯门窗型材、断桥铝合金门窗等。2021 年重庆市门窗需求量约 2600 万 m²，高性能门窗需求增长。绿色建材报告显示，2018 年重庆市有 348 家门窗及配件生产企业，产值超 200 亿元，节能门窗企业最多，主要分布在主城区。节能玻璃产品包括 Low-E 玻璃等，门窗型材以铝合金为主。塑料门窗和断桥隔热铝合金型材门窗市场占比分别为 60.1%和 37.5%。铝木复合门窗和节能彩钢门窗市场表现良好。

9. 新兴产业仍处于起步阶段

随着建筑节能的重视程度和居民健康意识的不断提升，建筑业也衍生出了许多新兴产业，包括新风产业和中水、雨水回收产业等，这些产业在重庆市得到了一定程度的发展。

1）新风产业

随着城市化加速、居民生活水平提升、政策支持、精装修市场需求增长及健康意识增强，新风产品受到越来越多关注。新风产品已从单一空调产品扩展到包括窗式通风器、室内通风设备、空气清新器等多种设备，并正朝着系统化、智能化、集成化方向发展。重庆市新风系统生产企业规模较小，缺乏规模经济，成本较高，推广至中低端住宅市场面临挑战。

2）中水、雨水回收产业

自2015年起，重庆市作为国家海绵城市试点，发布了一系列相关文件，并在2018年制定了雨水利用技术标准。雨水收集是海绵城市建设的关键部分，目前应用于住宅小区和高径流控制项目。到2021年，重庆市海绵城市建设产业规模尚小，雨水收集系统包括PP模块（聚丙烯塑料注塑成型的雨水收集设备）、钢筋混凝土池等，其他组件有高效过滤装置、虹吸排水系统等。随着海绵城市建设的推进，雨水收集系统需求将增加，相关产业有较大发展空间。

10. 工业化装修发展已成为行业共识

重庆市正积极推进工业化装修，通过政策、技术和项目实施取得进展。重庆市有51家工业化装修企业，产业规模达到3501万m²，项目规模为30.53万m²。浙江亚厦、渝建集团、龙湖地产等企业在重庆市实施了多个项目，如北京理工大学重庆创新中心等，应用新技术和产品，为工业化装修项目的实施积累了经验。

11. 城市更新建设受到高度重视

重庆市遵循早规划、早行动的原则，自2018年起逐步推进城镇老旧小区改造，至2022年底，共改造3993个小区、9227万m²，惠及99万户居民。同时，改善了5200余处社区设施，安装了4061部电梯，新增了3万余个停车位，改造了30余万户的水电气信设施。重庆市以问题为导向，强化党建引领，确保居民受益和干部教育相结合。通过建立"四共"机制（共商筹智、共建筹资、共管筹治、共富筹心），明确改造和管理内容清单，完善居民参与改造的程序和文本。在基层党组织的领导下，680余个社区实现了居民对老旧小区改造的"菜单式"选择。

12. 现代社区提上日程

根据重庆市委、市政府工作部署，2022年8月，重庆市民政局印发了《重庆市城乡社区服务体系建设"十四五"规划（2021—2025年）》，文件提出推进"精细化""人文化""全龄化"未来社区建设，着力构建起管理有序、服务完善、美丽和谐的巴渝幸福家园。

2.3　问 题 分 析

重庆市高度重视绿色低碳建设，正稳步推进新建和既有建筑的绿色改造，并在装配式建筑领域全国领先。重庆市在国家绿色技术体系基础上发展了特色技术，但主要利用江水源作为可再生能源，光伏应用较少，新兴产业发展缓慢，问题主要体现在政策、产业和行业方面。

2.3.1　政策方面

通过对国家、部委、重庆市相关的政策和制度梳理，得出各级政策文件的要求对照表如表 2.4 所示，以总结各级政策上的对应性，为后续政策完善提供建议。

表 2.4　政策文件层级对照表

类别	层级	内容
建筑节能	国家层面	2. 推动超低能耗建筑、近零碳建筑规模化发展，大力发展光伏建筑一体化应用，开展光储直柔一体化试点
	部委层面	6. 提高新建建筑节能水平，实施建筑电气化工程
	市级层面	10. 全面提升建筑能效水平。持续提高新建建筑地方节能标准，推动建筑执行更高星级绿色建筑标准，推动建筑屋顶分布式光伏有序发展
	市级行业层面	15. 大力发展节能低碳建筑。编制公共建筑节能 78%、居住建筑节能 75%的设计标准，建立超低能耗建筑技术支撑体系。鼓励全市范围内新建民用建筑执行更高节能标准，大力推动超低能耗建筑、近零能耗建筑和零碳耗建筑试点示范，大力发展非承重墙体砌块自保温、结构与保温一体化、预制保温外墙板等墙体自保温技术，推广应用高效节能门窗，进一步完善模数化门窗设计、生产、安装技术体系 17. 按照"宜电则电"原则，建立以电力消费为核心的建筑能源消费体系。引导建筑供暖、生活热水、炊事等向电气化发展
可再生能源	国家层面	2. 推动北方地区建筑节能绿色改造与清洁取暖同步实施，优先支持大气污染防治重点区域利用太阳能、地热、生物质能等可再生能源满足建筑供热、制冷及生活热水等用能需求 4. 建成一批农村能源绿色低碳试点，风电、太阳能、生物质能、地热能等占农村能源的比重持续提升
	部委层面	6. 推动太阳能建筑应用，加强地热能等可再生能源利用，加强可再生能源项目建设管理，推进区域建筑能源协同 7. 优化城市建设用能结构，城镇建筑可再生能源替代率达到 8%
	市级层面	10. 推广可再生能源建筑应用，因地制宜推进江水源、生物质能、地热能、太阳能等可再生能源建筑规模化应用 11. 构建清洁低碳能源体系。控制煤炭消费总量 12. 大力推动能源结构低碳转型
	市级行业层面	14. 以区域集中供冷供热为重点，在悦来生态城、仙桃国际数据谷、广阳岛、九龙半岛等重点区域发展分布式能源。"十四五"期间，重庆市地热能、空气热能建筑应用面积将新增 500 万 m²，还将因地制宜地开展建筑太阳能系统应用示范，推进城镇新建公共机构建筑、新建厂房屋顶应用太阳能光伏 15. 推动可再生能源建筑应用。开展以江水源热泵技术为主的可再生能源区域集中供冷供热项目建设 17. 因地制宜推进浅层地热能等可再生能源规模化应用，推广空气源等各类电动热泵技术

续表

类别	层级	内容
绿色建筑（包括新建、既有建筑改造）	国家层面	1. 建设高品质绿色建筑，实现工程建设全过程绿色建造
	部委层面	5. 推广绿色建造方式 6. 加强高品质绿色建筑建设，完善绿色建筑运行管理制度，提高既有居住建筑节能水平，推动既有公共建筑节能绿色化改造 7. 全面提高绿色低碳建筑水平 9. 规定优先选用高强度、高性能、高耐久、耐腐蚀、抗老化材料，延长建筑使用寿命，实现源头减排，减少过程中资源消耗
	市级层面	10. 大力推进城镇既有建筑和市政基础设施节能改造，提升建筑节能低碳水平 11. 探索建立碳排放总量控制制度，推行绿色建筑，提高城镇新建建筑中绿色建筑比例 12. 促进绿色建筑高质量发展
	市级行业层面	14. 重庆市力争将城镇绿色建筑占新建建筑比重从2020年末的57.24%提升至2025年末的100%，严格按绿色建筑及其指标要求进行竣工验收，组织开展绿色建筑专项督查，推广绿色住宅使用者监督机制，完善绿色住宅购房人验房指南，完善绿色建筑相关标准，以主城都市区为重点发展区域发展二星级以上的高星级绿色建筑，渝东北三峡库区城镇群、渝东南武陵山区城镇群应结合实际积极发展高星级绿色建筑和绿色生态小区示范工程 15. 全市范围内取得《项目可行性研究报告批复》或《企业投资备案证》的超高层建筑应满足三星级绿色建筑标准，主城都市区除中心城区以外的其他区级行政单位范围内取得《项目可行性研究报告批复》，或以政府投资为主的新建公共建筑和取得《企业投资备案证》的社会投资建筑面积 2 万 m² 及以上的大型公共建筑应满足二星级及以上绿色建筑标准要求
绿色建材	国家层面	2. 推广使用绿色建材
	部委层面	6. 促进绿色建材推广应用
	市级层面	10. 推动绿色建材规模化应用和建筑材料循环利用
	市级行业层面	14. 全市新建筑中绿色建材应用比例将超过70% 15. 落实绿色建材应用管理要求 16. 发展绿色生产。鼓励企业研究利用尾矿、粉煤灰、电石渣、脱硫石膏、磷石膏等大宗工业固废和建筑垃圾再生材料。发展绿色施工，推广绿色产品 17. 建立健全绿色低碳建材采信机制，完善采信应用数据平台。建立政府工程优先采购绿色低碳建材机制，强化绿色低碳建材应用比例核算制度，促进绿色低碳建材规模化规范化应用
装配式（建筑工业化）	国家层面	2. 稳步发展装配式建筑
	部委层面	5. 大力发展装配式建筑 7. 推广钢结构住宅
	市级层面	10. 大力发展新型建造方式，扩大装配式建筑实施范围，发展装配式农房，推进市政工程工业化建造和工业化装修 13. 重点发展钢结构装配式住宅
	市级行业层面	15. 结合装配化装修推广墙体内保温技术应用体系 16. 建立适合技术体系。结合重庆市山地建筑特点及抗震设防烈度要求，在公共建筑中重点推广应用钢结构建筑和装配式混凝土结构建筑；在居住建筑中重点推广应用装配式混凝土结构；在工业建筑中重点推广应用钢结构建筑；在休闲旅游度假区、少数民族居住区重点推广轻钢结构建筑和木结构建筑；制定具有重庆特色的装配式建筑技术产品地方标准，鼓励标准化设计，推广标准化产品
生态城区	国家层面	1. 推动形成绿色生活方式
	部委层面	7. 开展绿色低碳社区建设，探索零碳社区建设

续表

类别	层级	内容
生态城区	市级层面	10. 协同推进降碳减污扩绿增长，加快形成绿色生产生活方式。全方位全过程推行绿色规划、绿色设计、绿色投资、绿色建设、绿色生产、绿色流通、绿色消费、绿色生活 11. 推动"一区两群"绿色发展 12. 着力开展生态环境修复
	市级行业层面	14. 以广阳岛、科学城、智慧园、艺术湾、生物城等为重点片区，开展高质量绿色生态城区建设，引导建筑绿色低碳规模化发展。到 2025 年末，绿色生态城区内实现新建绿色建筑面积比例达到 100% 17. 推动城市生态修复，完善城市生态系统，持续推进"两江四岸"109km 岸线治理提升和清水绿岸整治
城市更新（老旧城区改造）	国家层面	1. 促进区域和城市群绿色发展，建设人与自然和谐共生的美丽城市，提高城乡基础设施体系化水平，建立城市体检评估制度，推动美好环境共建共治共享 2. 优化城镇布局，合理控制城镇建筑总规模，加强建筑拆建管理，多措并举提高绿色建筑比例，鼓励小规模、渐进式更新和微改造，推进建筑废弃物再生利用 3. 促进生活源固体废物减量化、资源化，降低工业固体废弃物处置压力
	部委层面	7. 优化城市结构和布局。积极开展绿色低碳城市建设，推动组团式发展，严格既有建筑拆除管理，坚持从"拆改留"到"留改拆"推动城市更新、建设绿色低碳住宅。提升住宅品质，积极发展中小户型普通住宅，限制发展超大户型住宅、提高基础设施运行效率，全面推行垃圾分类和减量化、资源化，开展城市园林绿化提升行动
	市级层面	10. 推动城乡建设和管理模式低碳转型。运用分层筑台、错叠等适应山地城市特点的规划及建筑设计方法，拓展城市绿化空间，促进土地集约化利用，严格管控高能耗公共建筑建设 11. 开展低碳城市、低碳园区、低碳社区试点示范，建设一批零碳示范园区 12. 优化城镇空间格局，高标准打造城市绿色名片，促进能源与通信基础设施建设，构建互联互通交通网络，加快城乡供水设施建设，推动综合管廊系统化建设，提升城乡管理水平，推动美好环境共建共治共享
	市级行业层面	15. 推进既有建筑绿色化改造。2022 年，主城都市区各区实施既有公共建筑绿色化改造项目不少于 2 个，其他各区县不少于 1 个 17. 积极开展绿色低碳城市建设，推动城市组团式发展。强化国土空间规划和用途管控，加强城镇开发边界对城镇布局的引导，合理确定城市人口、用水、用地规模及开发建设密度和强度，严格控制新增建设用地规模，严格控制新建超高层建筑、高能耗公共建筑建设，一般不得新建超高层住宅。强化"两江四岸"城市发展主轴功能，推进城市功能名片建设，打造重点城市功能片区体系。加快推进城市基础设施建设，持续推进城市轨道交通成网计划，大力推动轨道交通公交导向型发展(transit oriented development, TOD)综合开发。开展城市更新试点示范，大力实施城镇老旧小区和棚户区改造
乡镇建设	国家层面	1. 打造绿色生态宜居的美丽乡村，加强城乡历史文化保护传承，统筹城乡规划建设管理 3. 促进农业农村绿色低碳发展，提升主要农业固体废弃物综合利用水平
	部委层面	7. 提升县城绿色低碳水平。结合实际推行大分散与小区域集中相结合的基础设施分布式布局，建设绿色节约型基础设施，推进绿色低碳农房建设 8. 县城建设要与自然环境相协调，加强县城历史文化保护传承，建设绿色低碳交通系统，推行以街区为单元的统筹建设方式
	市级层面	10. 发展绿色低碳农房 12. 打造安全绿色、生态宜居的文明美丽乡村，加强城乡历史文化保护传承 13. 打造城乡绿色生态空间，建立覆盖各类绿色生活设施的绿色社区、绿色村庄建设标准
	市级行业层面	17. 开展绿色低碳县城和乡村建设，构建集约节约、尺度宜人的县城格局。充分借助自然条件，顺应原有地形地貌，实现与自然环境融合协调。合理布局乡村建设，科学划定各类空间管控边界，保护乡村生态环境，减少资源能源消耗

续表

类别	层级	内容
智慧建筑	国家层面	1. 加大科技创新力度，推动城市智慧化建设
	部委层面	5. 完善智能建造政策和产业体系，夯实标准化和数字化基础，推广数字化协同设计，打造建筑产业互联网平台，加快建筑机器人研发和应用 7. 推广智能建造
	市级层面	11. 加快科技创新，助力环保产业发展，支持各行业的产污企业自主创新设立研发平台，自立自强解决自身环境污染问题，鼓励与高等院校、科研院所联合建立实验室，支持鼓励高等院校、科研机构将实验室前移到污染源或企业的实战场，促进研究的关键核心技术、产品和成套装备为解决难题发挥作用 13. 共建绿色城市标准化技术支撑平台
	市级行业层面	16. 大力发展智能制造，全面推进智能化建造，逐步推广智能建筑 17. 利用建筑信息模型（BIM）技术和城市信息模型（CIM）平台等，推动数字建筑、数字孪生城市建设，加快城乡建设数字化转型

注：来源文件 1.《关于推动城乡建设绿色发展的意见》；2.《减污降碳协同增效实施方案》；3.《"十四五"时期"无废城市"建设工作方案》；4.《加快农村能源转型发展助力乡村振兴的实施意见》；5.《"十四五"建筑业发展规划》；6.《"十四五"建筑节能与绿色建筑发展规划》；7.《城乡建设领域碳达峰实施方案》；8.《住房和城乡建设部等 15 部门关于加强县城绿色低碳建设意见》；9.《绿色建造技术导则》；10.《关于完整准确全面贯彻新发展理念做好碳达峰碳中和工作的实施意见》；11.《重庆市生态环境保护"十四五"规划（2021—2025 年）》；12.《重庆市人民政府办公厅关于推动城乡建设绿色发展的实施意见》；13.《成渝地区双城经济圈碳达峰碳中和联合行动方案》；14.《重庆市绿色建筑"十四五"规划（2021—2025 年）》；15.《重庆市住房和城乡建设委员会关于做好 2022 年全市绿色建筑与节能工作的通知》；16.《重庆市装配式建筑产业发展规划》；17.《重庆市城乡建设领域碳达峰实施方案》。

国家政策和部委文件确立了城乡绿色发展的主要方向和策略，而地方政策则根据重庆市本地特色进行了具体化要求，确保政策实施。尽管如此，仍有领域如超低能耗建筑、农村能源试点等方面需要进一步政策支持以全面实现绿色低碳目标，具体涉及规划设计、绿色建材、太阳能等八个方面。

1. 规划设计

为促进城市建筑业发展，需先进行规划布局并坚持立法先行。近年来，江苏、浙江、广东、河南和北京等省市相继颁布了绿色建筑相关条例，旨在实施绿色发展理念，节约资源，规范建筑活动，优化建筑用能，推动绿色低碳发展，提升建筑品质和改善环境。这些条例包括规划、建设、运行、改造、技术和激励等方面，对推动地方绿色建筑产业发展至关重要。目前，重庆市尚未有此类条例颁布，因此，加快制定重庆市绿色建筑条例显得尤为迫切。

2. 绿色建材

绿色建材在新建建筑中的应用比例未达 70%，需执行政策规定的管理要求，发展绿色生产线。政府鼓励使用工业固废和建筑垃圾再生材料生产绿色产品。重庆市已建立绿色建材管理制度和平台，但平台上的性能认定类别尚不齐全。

3. 太阳能

重庆作为太阳能资源不足的山地城市，面临发展光伏光热技术的挑战。然而，为满足国家"双碳"目标，重庆市正在推动"光储直柔"建筑，并制定政策鼓励在新建公共机构建筑和新建厂房屋顶安装太阳能光伏系统。尽管如此，重庆市在农村可再生能源应用方面仍需加强，计划建设一批农村能源绿色低碳试点，以增加风电、太阳能等可再生能源在农村能源结构中的比例。

4. 建筑节能

政府支持发展超低能耗和近零能耗建筑，推广墙体自保温技术和高效节能门窗。重庆市利用江水源热泵技术推进可再生能源项目，并采用适应山地特点的规划和建筑设计，优化城市空间和建筑通风。

5. 装配式建筑

重庆市装配式建筑发展迅速，特别强调装配化装修与墙体内保温技术相结合。针对不同建筑类型，重庆市推广钢结构和装配式混凝土结构，尤其对于公共建筑和居住建筑。同时，轻钢结构和木结构建筑在特定区域如旅游度假区和少数民族居住区得到推广。重庆市还致力于制定地方标准，鼓励标准化设计和产品，以规范市场并促进企业健康发展。

6. 建筑数字化

目前，智能建筑正快速发展，政策支持利用 BIM 技术开发各类建筑模块，推动智能制造和智慧园区建设。同时，通过互联网、物联网、云计算等技术深化智能化建造，重点集成 BIM 技术于工程全周期，以实现信息化管理。此外，智能建筑的推广包括物联网技术在建筑产品中的应用，以及智能建筑设备和安防系统的普及，旨在提高建筑的舒适性、便利性和安全性。

7. 城市更新

当前重庆市城市更新政策重点是改造老旧城区和乡镇建设，严格控制高能耗建筑，推动基础设施和交通网络建设，加快供水设施和综合管廊建设，发展绿色农房。同时，推进既有建筑绿色化改造，确保主城区和其他区县的项目质量和进度。目前，公共建筑改造主要依赖合同能源管理企业，但规模和效果有限。老旧社区改造侧重于改善外部环境，而对建筑内部环境的健康性、舒适性和低碳性改善不足。农村建筑主要依赖自主建设，缺乏对废弃矿山和老旧工业基地更新改造的政策和标准。

8. 现代社区

2023 年重庆市启动现代社区建设试点，重点发展中心城区"两江四岸"区域，计划到 2025 年形成可复制的示范案例，推动社区建设全面、常态和规范发展。试点侧重于建设以人为本、绿色低碳、数字化的现代城市模型,包括推广绿色建筑、提升建筑节能水平、实施既有建筑改造,以及建立低碳管理和监测体系。

2.3.2　产业方面

近年来,重庆市在建筑绿色化发展方面取得了阶段性成效,建立起了相对完善的建筑节能材料管理体系,行业总体规模和综合实力得到快速提高。但是,对照国家相关标准,重庆市推动建筑绿色化高质量发展要求与速度仍然存在一定的差距,主要表现在以下几个方面。

1. 绿色发展理念落实受阻,企业意愿性不足

许多企业正向绿色低碳转型,推广节能建筑材料,但一些生产商因技术和资金限制,仍使用传统方法,对绿色发展理解不深,创新投入不足,导致绿色产品未成为发展重点。同时,建筑行业对绿色建材的认识不足、使用意愿不强,难以承担短期成本,阻碍了绿色理念的实施。调研显示,推广绿色经济理念是应对行业挑战的首选建议,反映了社会对理念转变的普遍期待。

2. 产业种类不齐全,新兴产业配套缺失

绿色建筑产业不仅包括传统建筑企业,还涉及光伏、新风、智能家居等新兴产业。尽管如此,一些区域的传统建筑产业已饱和,而新兴领域发展缓慢。以光伏产业为例,产业链不完整,缺乏统一标准,导致项目实施困难。为提升产业竞争力,需要政府、行业和企业合作,推动本地化产业链发展。

3. 企业核心竞争力不强,龙头企业经验较少

尽管本地建筑业企业数量众多,但具备高资质的企业较少,专业人员配备不全,专业水平低。行业结构扁平,底座宽而高度不足。企业业务单一,主要集中在房屋建筑施工。建筑节能材料行业技术装备落后,自动化程度低,依赖传统生产方式。创新能力弱,研发设备不全,产品以传统材料为主,附加值和科技含量低,缺乏新型高品质材料,本地深加工率不足。装配式建筑方面,重庆市设计、施工企业经验少,特别是工程总承包(engineering,procurement and construction,EPC)模式总承包项目和智能建造技术应用水平不高,企业对工业化、智能建造和绿色建造的重视和投入不足,未形成核心竞争力,难以推动行业发展。技术先进性不足是企业发展的主要问题之一,急需推进核心技术攻关,提升竞争力。

4. 技术创新资金投入不足,发展后劲不够

重庆市建筑绿色产业基础尚可,但以中小型企业为主,规模小、实力弱,缺少创新产品。中小企业因资金限制,不愿投资研发,导致创新动力不足。政府和银行更倾向于支持大型企业和科研机构,中小企业因此发展受限。政府和银行应增加对中小企业研发的支持和优惠政策，同时企业需提高对技术创新的认识，调整财务结构，积极研发高附加值产品。此外，企业期望政府提供税收优惠和财政补贴。

2.3.3　行业方面

1. 市场无序竞争仍较突出

行业法治和管理体系需进一步完善，自律和标准化体系尚未成熟，需要加强行业自律管理和提升服务能力。2017 年取消资质后，咨询企业门槛降低，机构数量增长，私营企业增速快，国企比例下降。兼营企业增多，多元化成为趋势。从业人数上升，企业竞争加剧，利润率下降。

2. 项目策划需加强，设计咨询一体化受市场考验

重大项目的全过程咨询新业态尚在探索中。工程咨询的传统业务流程化且单一，技术含量不高。绿色化发展需求的原创性研究和基础性研究不足。国内设计院与开发商间存在咨询环节，但咨询公司不承担设计责任，且不拥有项目作品，仅满足绿色建筑标准，对高质量绿色建筑设计贡献有限。设计院对绿色建筑缺乏积极性，导致设计与咨询脱节，不利于高质量绿色建筑设计作品的形成。

3. 缺乏高端综合型人才

项目前期策划、工程咨询、数字化工作等面临人才短缺的困境。新型业务要求从业者具备更高专业知识、技术、管理和思维能力，前期策划需要宏观思维和可行路径，而承接重大项目要求具备勘察、设计、监理等多方面的专业能力。跨界人才是建筑行业数字化发展的关键。

4. 企业数字化转型存在阻力

数字化生产和服务应用的主要障碍是市场需求不足、技术标准不统一和投入产出比不理想。客户通常不愿意为 BIM 技术支付费用，且投资回报周期长。目前，BIM 技术主要限于示范应用，功能集中在可视化、虚拟建造和碰撞检查，正向设计的企业比例约为5%。国有企业和民营企业都在探索数字化创新业务，但投资方向不同。企业普遍面临的问题包括数字化业务变现困难、客户需求定位不准确、缺乏有效的激励和人才配置机制及缺少数字化业务保障机制。此外，建筑企业的管理理念和方法论缺乏创新，信息收集和信息化建设滞后，数据库和数据分析能力不足。数字化转型需要企业高层的战略规划和整体目标。房地产行业因业务流程复杂、数据管理困难影响数字化发展规模及质量。房地产业数字经济新增企业数量占比仅有 20%，业务链条长、主体涵盖广、线下属性强等属性影响数字化发展。房地产行业数据管理存在采集难、治理难等痛难点，数字化转型的基础和引擎较难构建。房地产企业在数字化转型中面临的困难主要有企业数字化文化氛围欠缺、高层管理者支持度缺乏、数字化战略与实施路径模糊等。

5. 城市更新业务模式亟须创新

城市更新业务涉及多方参与，包括政府、投资机构、开发商和服务商，他们在各阶段发挥不同作用，有各异的商业模式选择与竞争优势。设计院需从技术输出转变为全程服务，以最大化其作为政府智库的作用。面对市场需求变化和服务模式调整，需要创新改变政策和市场的运作模式来解决投入产出效益问题，提高各方参与动力。

6. 装配式建筑的经济性尚未显现导致应用不足

装配式建筑成本高、接受度低，行业上下游成熟度不足，尤其预制构件厂信息化程度低、管理效率差，仓储物流混乱，生产施工不畅，限制了其在地产开发中的广泛应用。

7. 缺乏标准规范促进工业化建筑施工

施工行业急需创新劳务组织以适应机械化趋势。建筑工人老龄化和用工荒问题日益严重，而传统施工方式已不适应机械化需求。创新组织形式刻不容缓，但行业整体上规范化、智能化、机械化团队还很少。基于工业化建筑试点，需建立现代化的质量、技术、安全标准体系，以促进建筑工业化、绿色施工，实现产业现代化和持续健康发展，满足国际市场先进施工要求。

8. 融资难、利润空间不断压缩导致研发投入不足

当前建筑市场供大于求，导致建筑施工企业盈利受限。随着生产商数量的增加，价格可能进一步下降。房地产资金紧缩影响了建筑企业，特别是对于中小企业，由于研发投入不足，新技术应用与大企业存在差距。

9. 绿色金融在房地产企业的应用范围仍然比较局限

海外绿色债券发行量在2022年大幅下降，仅远洋集团发行了2亿美元的绿色票据。与此同时，我国绿色债券发行规模显著增长，但房地产企业发行的绿色债券总额为160.88亿元，仅占国内绿色债券发行总额的1.5%。这些发行主要由央企完成，受到房地产融资紧缩和绿色债券资金用途的严格限制。房地产调控政策未区分一般建筑和绿色建筑，导致银行不愿支持绿色建筑项目。绿色建筑项目前期成本高，但成本与收益的错配问题未解决。此外，中小企业融资困难，消费端未充分激活，绿色金融基础设施、政策和产品体系尚不完善。

2.4 思考与建议

为应对重庆市建筑业发展挑战，需政策、产业、行业三方合作。政策上，应建立全面有力的绿色低碳政策体系，明确建筑业在"双碳"目标中的角色，并优化资源配置。产业上，要调整产业结构，探索新产业机会。行业上，应发展多元化全产业链，构建现

代化建筑产业链，并在绿色设计、建造、建材、能源、运营、金融等方面创新。通过政策引导、产业实施、行业响应的模式，助力绿色低碳发展。

2.4.1 政策方面

梳理和分析政策文件后发现，重庆市在城乡建设绿色发展方面已取得显著成效，符合国家政策要求。为推动高质量发展，重庆市可在以下几方面挖掘潜力。

1. 进一步推进城乡建设绿色低碳的规模化发展

当前城乡建设的建筑政策和标准基础深厚，但面临发展不均、质量参差、协调不足的问题。建议制定统一的发展策略和要求，建立市级绿色生态城区发展模式，推动建筑绿色化、工业化、数字化整合发展。同时，需制定市级可再生能源政策，强化规划中可再生能源应用。针对地方资源和经济发展水平，制定绿色建材推广政策。结合重庆市工业发展情况，明确建筑工业化发展路线和技术要求。

2. 进一步提升以高品质为引领的建筑业发展质量

建筑业正面临绿色化、数字化、工业化的发展要求，同时须关注使用者需求。为适应建筑业转型升级，必须确立以需求为导向的发展方向，构建涵盖土地方到使用方的全链条建筑高质量发展模式，确保实施流程、考核和质量要求，并整合政策、制度、标准，实现绿色、低碳、健康、智能的集成。建筑业高质量发展是从粗放型向可持续型转变，而推动高品质建筑发展，须在土地出让中设定绿色建筑等级要求，在地方政府考核中明确高星级绿色建筑的建设标准，并在建设项目审批中加入智能建造和智慧运维的考核。

3. 进一步扩大绿色低碳发展覆盖层面

提升建筑更新改造的绿色低碳性能，推动村寨建筑的低碳和绿色改造。城乡建设的绿色低碳发展不仅体现在新建建筑上，还包括既有公共建筑的节能改造、绿色化改造和老旧社区改造。需要市级政策和标准来指导废弃矿场和老旧工业基地的改造，并强化城市更新规划。建议制定公共建筑绿色化改造的详细规划，提升城市低碳水平并促进建筑业转型。同时，明确老旧社区改造要求，提高建筑性能改善标准。对村寨建筑提出低碳建设要求，通过绿色化改造提升农村居住环境，为城乡低碳发展作出贡献。

4. 政策发展与构建

建议重点放在促进企业生产实际进步的政策上，确保政策的可执行性和效果评估。重视政策的全面性、更新、实施、效果评估和质量考核，确保政策有效执行。在立法方面，推动建设领域绿色低碳发展条例的立法进程。

5. 绿色金融的政策推进

针对城乡建筑绿色发展的特点，如投资规模小、经济效益慢、社会效益大，应制定合适的金融政策，规范绿色资管产品的定义和标准，引导市场有序发展，并建立投资与环境效益挂钩的激励机制，以促进绿色金融与建筑业绿色发展的快速融合。

2.4.2　产业方面

1. 加快绿色建材认证推广

推动绿色建材认证纳入碳指标，促进其高质量发展和低碳化进程。建立绿色建材采信机制和数据平台，提升物流信息化和供应链协同。强化绿色建材在建筑中的应用，确保绿色低碳材料比例，并将其纳入建筑能效评估。完善政府采购标准和政策，推动绿色低碳建材的规模化应用和市场化机制。发展绿色低碳建材产业化基地，促进产业集群化发展。

2. 推动墙体保温高质量发展

随着城镇化进程推进，城市更新与建筑改造已成为发展重点，而墙体保温作为提升建筑能效、改善室内环境的关键环节，其高质量发展对推动建筑节能意义重大。墙体保温要求严格执行外墙保温技术规定、持续发展墙体保温技术、积极推广墙体内保温技术。重庆市在建筑节能方面一直走在前列，不仅持续制定更高标准，还积极推动外墙保温材料性能提升。近年来，引入气凝胶等具备优异隔热、防火性能的新材料技术，且在部分地区已形成应用标准。目前，重庆市部分企业也正积极投入气凝胶产品开发，助力建筑节能材料革新。2021年，重庆市对《填充墙砌体自保温系统应用技术要点》进行修订，新增多种自保温构造形式，丰富配套保温材料种类，并简化梁柱热桥做法。此外，部分近零能耗建筑项目通过采用建筑内保温系统，结合屋顶绿化隔热层，实现了高效节能。但未来仍需通过加强人才培养、完善人才激励机制等方式，大力推广墙体保温技术应用，持续提升建筑节能水平，助力建筑行业绿色低碳发展。

3. 提升节能门窗整体性能

门窗是建筑围护结构的关键部分，其散热占总散热的 40%～50%。随着节能标准提升，门窗节能需求增加，须推动行业升级，培育高品质龙头企业。应持续增强产业政策支持，引导企业规模化、品牌化发展，提升行业标准，鼓励创新研发，提高产品性能。引入技术先进、节能效果好的企业和产品，如双银玻璃、三银玻璃，形成产品差异化竞争，增强竞争力和议价能力，促进重庆市门窗行业高质量发展，适应绿色建筑和生态小区需求，推动建筑领域绿色发展。

4. 加快新兴产业创新集群建设

重庆市正加速发展战略性新兴产业集群，提升建筑产业竞争力。通过多级联动、政策协同和产业合作，优化新兴产业环境。重点发展新型建材、建筑可再生能源系统等产业，突破关键技术，实现自主可控。利用山城特色，发展分布式光伏、一体化建筑等，促进科技创新与产业应用。引导产业园区整合资源，集聚高端企业，培育现代化建筑新兴产业基地。重点项目将获得国家级支持和信贷优惠,设立子基金。同时,打造人才发展平台,为科技和产业发展提供人才支持。

5. 促进装配式产业规模化发展

加强政策支持装配式建筑发展,培育龙头企业,完善产业链,推动新材料和设备研究。引导采用装配式建筑技术,推广集成化设计,提升施工质量和效益。研究装配式建筑质量和技术问题,推动全产业链协同,提升 BIM 技术应用。鼓励设计单位提供全过程咨询服务,推进产业链资源共享和协同发展。支持采用工程总承包模式,促进设计、生产、施工融合。加强人才培训,与职业教育机构合作培养技术人员。

6. 推进工业化装修产业培育

工业化装修是一种现场组合安装工厂预制部件的干式工法。作为装配式建筑的关键部分,它具有施工效率高、预制集成、管线分离和可循环的特点。为促进绿色城乡建设,提升装配式建筑品质,住房城乡建设部等九部门提出相关意见,强调创新和改革,推动建筑服务业与制造业的协同发展。试点示范项目将在医院、学校等公共建筑中实施,同时鼓励商品住房采用工业化装修,提高住房品质,并在有条件的地方推广至写字楼和商业街。技术标准的完善和企业标准的制定将支持企业技术创新。设计融合将通过建筑师的统筹协调,加强装修与主体结构的一体化设计。优化部品部件将引导企业合理布局产能,推广标准化、集成化、模块化的建筑部件,确保装修质量。

7. 推进绿色化、工业化、数字化深度融合

推动绿色低碳建筑,采用绿色化、工业化、数字化建造方式,利用 BIM、大数据、物联网技术,实现装配式建筑与绿色建筑技术的相互促进。严格执行建筑节能设计标准,促进装配式建筑部件产业发展,执行外墙保温技术规定,发展墙体自保温技术,推广墙体内保温技术应用。落实智慧工地建设,推动建造过程数字化,实现建造活动绿色化、工业化、数字化,减少建筑垃圾,实现资源循环利用,推进一体化大工业工程总承包生产方式。

8. 加强城市更新产业培育

首先,进行城市体检,识别居住环境差、基础设施薄弱、存在安全隐患、须提升历史风貌,以及土地、建筑、产业结构不适应的区域,以便科学决策。其次,重视规划指引,明确城市更新的目标、路径、时序和要求,确保符合国家和社会发展规划,推动城市功能完善和品质提升。最后,体现城市个性,重庆作为山水人文城市,应打造为国际化、绿色化、智能化、人文化的现代城市样板。在更新过程中,勘察设计单位应推广 EPC 和全过程咨询模式,利用基于 CIM 技术的管理平台,提供一体化的工程技术服务。

2.4.3　行业方面

随着当前我国社会主要矛盾的变化,建筑绿色化发展的核心任务也转变为遵循"以

人为本"的初衷，适应"高品质发展"需求，将绿色建筑由"四节一环保"转变为"安全耐久、健康舒适、生活便利、资源节约、环境宜居"五大性能要求。随着国际国内环境的变化，建筑行业的转型发展势在必行，建筑业高质量发展要求下，转型重点方向主要表现为以下七个方面。

1. 维护公平的市场环境，提升行业监管水平

1）维护公平的市场环境

打破部门和地域垄断，公平保护市场主体。推动服务定价从成本向价值转变，鼓励"优质优价"，防止"劣币驱逐良币"。强化服务合同管理，建立项目目标管控体系。将部分服务纳入政府采购，通过多种招标方式，建立优化的采购制度，实现需求导向、绩效定价、公开选择和合同管理。

2）提升行业监管水平

为应对行业监管改革挑战，须推进联合监管机制，并实施动态、多元的监管方式。同时，加强行业自律体系，建立监管平台，利用信息技术标准化和规范化行业监管，以提高监管效率。此外，规范市场行为，严格处罚违规行为，促进合理竞争。同时，继续进行行业机构资信评价，并构建行业诚信管理体系，建立信用标准和评价体系。开展全面信用评价，制定并完善信用"红名单"和"黑名单"制度，确保守信者得到激励，失信者受到惩戒，使资信和信用评价结果在相关领域发挥指导作用。

3）加强协会组织协调

协会须履行职责，建立交流平台，共享信息与知识。探索争端解决机制，协调内外部争端。加强协会间及与政府的合作，形成紧密互动的工作交流机制，共同提升行业自律。

4）加大培育市场主体力度

推动改革，发展多领域市场主体。国有机构要发挥支撑和引领作用，成为有竞争力的市场主体。鼓励国企与民企合作，推进重组，深化混合所有制改革，激发企业活力和竞争力。改善民营企业发展环境，支持其业务创新和参与改革。支持企业申报高新技术企业。

2. 构建系统性绿色低碳规划设计方案

完善城区、建筑不同层面的规划、设计、建设、运行、改造过程中绿色化控制标准、技术应用及产业支撑体系是推动建筑行业低碳发展的制度创新、技术创新和工程创新的有效路径。

1）以绿色规划引领城市低碳转型

虽然城市面积占比小，却消耗大量能源并产生大部分碳排放。城市绿色低碳转型对实现"双碳"目标至关重要。城市减碳工作包括建筑、能源、交通等多个方面，具有全局性影响。制定针对街区碳排放的技术标准，涵盖能源使用、建筑、交通、布局、环境、市政设施和智慧平台，能有效推动城市街区向绿色低碳转型。

2）以人为本建设高品质绿色建筑

提升建筑的绿色低碳特性，增强其安全性、舒适性和便利性。强调耐久性和安全性，

改善室内环境质量，配备必要的健康设施和服务系统。采用海绵设计、绿化和雨水管理等措施，促进立体绿化以降低能耗和实现资源循环利用。

3）加强理论研究转化与标准制定

推动学科交叉，利用智库和平台，注重应用，促进跨领域合作和理论创新。鼓励产学研合作，建立资源共享平台，加强协同创新，促进研究成果应用。针对重庆市气候和资源情况，研究超低能耗建筑技术路径和标准体系，开展示范项目，探索低碳建筑试点。研究建筑能耗和碳排放预测、控制、核算、评价及监测体系，以及低碳建筑和生态城区评价技术体系。

4）推进全过程工程咨询

加强全过程工程咨询在工程审批制度改革中的作用，通过多方案论证提升投资决策和咨询协调性。重视项目管理策划，实施全方位管理以确保咨询服务科学性。根据项目需求选择合适的咨询模式，提高咨询协同性。注重示范项目，深化后评价，提升服务水平。总结经验，完善咨询标准规范。

5）以行业培训优化人才知识结构

依据新修订的行业标准和绿色建筑要求，对住房城乡建设主管部门人员及行业专家、建设相关从业者进行专项培训，旨在实现城乡建设领域的绿色发展和碳中和目标。培训内容涵盖绿色低碳项目管理和信息化系统应用，采用分类指导和分级培训方式，旨在提升管理人员政策引导和监管能力，增强从业者执行标准和履行职责的技术能力，同时强化开发单位的主体责任和项目实施能力。

3. 加强理论方法研究和专业人才培养

1）强化理论研究

促进学科交叉，优化理论体系。利用智库和平台，推动理论创新，鼓励产学研合作，促进成果转化。

2）注重人才培养

完善职业资格制度，实施知识更新和技能提升计划。加强行业自律，培养高端、国际化、创新型人才，适应绿色化发展需求。

4. 以 BIM 技术应用支撑数字经济发展

按照"一张网、一张图、一盘棋"原则及"统一标准、统一底图、统一平台、统一展示"要求，围绕政务数字化、工程数字化、企业数字化目标，构建并实施数字住建"171"总体规划（即 1 个住建大脑、7 大应用板块、1 个数据底座），把数字化建设贯穿住建领域全过程、各环节，提升治理能力现代化水平，促进住建领域质量变革、效率变革、动力变革。

1）以政务数字化推动"数字住建"建设

推进数字住建数据基础建设，整合和治理行业数据资源，促进数据共享，加强数据应用；重点发展数字化改革，加速业务系统和平台的建设与升级，拓展应用场景；执行网络安全等级保护、关键信息基础设施保护、软件正版化等要求，提升网络安全；建设国家一体化数字住建灾备中心和数据价值转换中心。

2）以工程数字化推动智能建造技术应用

重庆市人民政府办公厅发布的《重庆市智能建造试点城市建设实施方案》，选定试点区县、企业和项目，推进智能建造城市建设。同时，发布 BIM 应用指导文件，促进 BIM 正向设计、建筑性能数字化模拟，并建立通用 BIM 数据库，深化 BIM 技术在建筑全周期的应用。此外，持续推进数字化建造试点工作，推广建筑机器人、智能施工装备和数字化管控平台，计划培育超过 10 个试点项目。最后，推广电子签名签章，实现数字化监管和无纸化存档。

3）以企业数字化推动培育产业生态

规范数字化建造软件市场，推动建筑产业互联网发展，引导企业数字化转型，加速数字技术与建筑产业融合，培育建筑业数字经济生态；发布住建行业数字化企业评价标准，持续推进数字化企业试点工作；发布年度行业数字化转型白皮书。

4）以 CIM 平台建设为抓手推进"新城建"

推进"新城建"试点和重点项目建设，实施 52 个智能化市政基础设施项目；完善物联网技术标准，加速住建领域 CIM 平台建设及应用，促进基础设施物联网发展。

5. 聚焦存量市场城市更新大项目谋划

城市更新工作应以整体规划和一体化发展为导向，致力于打造"山水之城·美丽之地"，优先提升城市功能。通过全面实施城市更新提升行动，提高城市规划、建设、管理、交通和韧性水平，同时增强城市经济、生活、生态和人文品质。目标是快速构建一个国际化、绿色化、智能化、人文化的现代大都市，形成具有重庆特色的城市更新提升路径。

1）立足发展战略探索城市更新业务

紧跟国家战略和地方部署，把握政策机遇，创新思维，以提升功能、品质和效益为目标，规划具有全局意义的城乡建设重大项目。通过城市规划、基础设施建设、房地产开发和产业导入，综合整治和利用废弃矿山、废旧厂区、老旧小区和老旧商业区。

2）既有建筑绿色化改造与功能提升

重点推动商场、医院、学校、酒店和办公建筑的绿色化改造，从单一节能转向综合绿色化。利用绿色金融等多元化融资支持政策，促进市场化机制。结合城市更新和老旧小区改造，推进节能改造与环境整治、适老化、基础设施提升等综合改造。探索经济环保技术路线，推动居住建筑节水改造。推广高效节能照明和电气智能化控制技术，提升建筑设备管理水平。鼓励建筑绿化和可再生能源技术应用，以减碳量评估绿色化改造效果。

3）推进城市更新的全过程工程咨询

为适应投资者和建设单位在城市更新项目中对全面、跨阶段、一体化咨询服务的需求增长，必须创新咨询方式，发展以市场为导向、满足多样化需求的全过程工程咨询服务。这种服务模式将支持城市更新项目的审批制度改革，通过多方案论证，包括投融资、设计、投资管理、建设及运营方式，提高投资决策的科学性和咨询的协调性。同时，重视项目管理策划，实施全面管理以确保服务的科学性，并注重示范项目的作用，通过深入的后评价工作，持续提升服务水平。

4）建立多元协调机制保障公平公正

城市更新涉及空间、权力和利益的重新分配，其核心在于确保更新过程和结果的公平性，涵盖公私权利关系。更新不仅改变物质空间，也影响社会空间，公平性是社会关注的焦点。理解市场与公共利益的平衡，保障各方基本利益，防止无序发展，促进公众参与规划，改进城市规划体系，使更新工作成为维护社会利益的有效手段。

6. 提高建筑建造装修工程装配率水平

装配式建筑技术利用模块化设计和科学管理减少施工对环境的影响。2023 年，重庆市计划推动装配式建筑发展，目标是实现 30%的建筑采用装配式施工，并在市政和装修领域推广工业化建造，以实现 1500 亿元的建筑产业年产值。

1）优化技术体系提高建造效率

修订《重庆市装配式建筑装配率计算细则（2023 版）》，推广《重庆市装配式建筑技术体系选用指南（2023 年版）》，建立科学合理的技术体系。推广装配式建筑标准化设计导则，实现建筑设计和构件生产的标准化，提升效率，降低成本。企业层面，开发企业深入研究产品标准化，形成不同档次产品分类及配置标准，优化标准产品研发成本，减少错误，提高运营效率。

2）完善管理机制强化过程控制

修订装配式建筑评价管理办法，强化项目的技术引导和监管。运行建筑产业信息管理平台，统一预制构件编码，建立追溯体系，实现全生命周期信息化监管。融合装配式技术和信息技术，优化施工物料管理，促进碳减排。研究物料管理信息与上游企业数据互通，开发运输保护技术，利用互联生产决策和物联网技术，减少物料损耗。

3）扩大市政工程、装饰装修工程应用

2023 年发布《市政工程工业化建造评价标准》（DBJ50/T-443—2023）等技术标准，完善相关技术体系；加速推进"三纵线"改造、新森大道隧道等示范项目建设，推动产业基地建设，争取年内投产；建立工业化装修展示交易中心，创建 2 个以上试点项目，发展工业化装修；扩大装配式装修在多个场景的应用，推动装配式建筑部件产业发展，支持绿色建筑和装配式建筑需求。

4）提高基地建设水平提升产业配套能力

修订装配式建筑产业基地管理办法，围绕基地实际生产能力、质量安全管控体系、项目实施情况等核心指标，开展产业基地复审评估；强化产业基地科学布局，完善现代建筑产业链条，建立现代建筑产业统计及评价体系。

7. 聚焦"双碳"目标，规范行业碳金融活动

碳金融是为减缓气候变化而开展的投融资活动，具体包括碳排放权及其衍生品交易、产生碳排放权的温室气体减排、碳汇项目的投融资以及其他相关金融服务活动。

1）创新横向行业合作模式

加强与金融、财务、法律等方面专业机构协同作用，积极引导资本市场服务实体经济，深入推进基础设施领域不动产投资信托基金、项目收益专项债等金融咨询业务，推

动工程行业服务模式向专业化和价值链高端延伸。各级协会要积极履行"提供服务、反映诉求、规范行为、促进和谐"的职责，建立健全行业交流平台，加强行业信息与知识共享。探索建立行业争端协调解决机制，协调行业内外部有关争端。

2）绿色建筑衍生绿色金融

随着碳达峰目标的推进，有望加快绿色建筑的发展，促进建筑行业的绿色转型。绿色建筑已被纳入中国人民银行和国家金融监督管理总局的绿色信贷政策，以及央行和国家发展改革委的绿色债券支持项目中，绿色金融市场将重点扶持绿色建筑和建筑节能项目。《绿色债券支持项目目录（2021年版）》新增了绿色建筑和可持续建筑等类别，凸显了绿色建筑作为绿色债券支持的重点。2021年，房地产企业发行的绿色债券总额达到约608.98亿元，较上一年翻了一番，占房地产企业发债总额的7.5%，同比上升了4.5个百分点，显示出市场规模的快速增长。

3）配套金融机构支持政策

鼓励金融机构更好地服务咨询、设计、生产、施工企业，支持企业与金融机构合作，完善配套金融政策和信息共享机制，共同推动基础设施领域不动产投资信托基金、投资项目合作产业基金等试点业务的发展。

第3章 公共机构低碳发展

3.1 研 究 背 景

3.1.1 国际形势

自 19 世纪 70 年代工业化以来,人类活动导致化石能源的大量使用和温室气体排放增加,引发全球气温上升和极端天气事件频发。气候变化对人类生产生活造成了持续且深远的影响,威胁到生存和发展。国际社会已采取行动,包括 1992 年的《联合国气候变化框架公约》、1997 年的《京都议定书》和 2015 年的《巴黎协定》,旨在限制全球气温上升。联合国环境规划署指出,为控制气温上升,全球碳排放量需在 2030 年前至少减少 50%。

3.1.2 国家政策

党的二十大报告中,应对气候变化被列为国家战略。为减少碳排放,国家和地方政府已推出支持公共机构绿色转型的政策,并设定了减排指标。例如,2021 年 6 月,国家机关事务管理局、国家发展和改革委员会编制了《"十四五"公共机构节约能源资源工作规划》,要求到 2025 年,公共机构单位建筑面积能耗和碳排放分别下降 5% 和 7%。2021 年 11 月,国家机关事务管理局、国家发展和改革委员会、财政部、生态环境部联合印发《深入开展公共机构绿色低碳引领行动促进碳达峰实施方案》,要求到 2025 年能源消费总量和碳排放总量分别控制在 1.89 亿 t 标准煤和 4 亿 t 以内,同时单位建筑面积能耗和碳排放分别下降 5% 和 7%。公共机构在推动能源节约和环境保护方面扮演着重要角色,其绿色低碳转型将为其他领域树立榜样,有助于实现碳达峰、碳中和目标,推动可持续发展。

公共机构具有建筑面积小、能耗比例高的特点,存在较大的碳减排潜力。

3.2 碳排放要素分析

3.2.1 碳排放核算机制

为确定碳排放,本书依据国际国内核算机制,梳理相关对象、范围和过程,形成影响碳排放的要素清单。通过分析主要的碳排放核算体系,识别碳排放的主要来源和方法。碳排放通常来自企业或组织,通过核算体系进行监管。核算体系覆盖多个行业,如能源和工业,以及产品和服务。碳排放主要源自化石燃料燃烧、交通运输、材料生产及设备使用。本节将碳排放要素分为能源、工业、产品/服务三类，并整理为表 3.1。这些要素有助于确定碳减排范围，为公共机构的减排技术路径研究提供基础。

表 3.1　碳排放要素清单

类别	核算体系	碳排放主要要素	碳排放影响因素举例
能源	IPCC 指南[1]	电力、热能、石油、化学制品、纸浆、纸和印刷品、运输设备、食品加工等生产活动	燃料燃烧量；排放因子；一次性能源资源的勘探和利用、燃料输送和分配、固定和移动应用中的燃料用途等活动
	省级指南	能源开采、储存、运输、使用等过程；居民生活使用灶炉、火盆等活动	能源消费量；能源类型和使用情况；发电锅炉、工业锅炉、工业窑炉等设备性能；移动排放源设备性能；居民生活活动
工业	IPCC 指南[1]	水泥、石灰、钢铁、玻璃等材料的生产活动	化学物性质；使用或保持化学物质的设备性能
	省级指南	水泥、石灰、钢铁、电力设备等的生产活动	能源消耗量；过程如水泥生产中的煅烧过程；化学品生产过程；购买电力、蒸汽和热水
	行业指南——《省级温室气体清单编制指南（试行）》[2]	直接生产系统工艺装置；厂区内的动力、供电、供水、采暖、制冷、机修、运输等辅助生产系统；职工食堂、车间浴室、保健站等附属生产系统	化石燃料燃烧量、单位燃烧的含碳量和碳氧化率；企业净购入电力、热力消费量及其排放因子
产品/服务	温室气体核算体系	材料收购、加工、生产、配送、使用等活动；企业拥有或控制锅炉、车辆等设备；外购电力、热力等能源	在产品寿命周期内从特定过程收集的原始数据；导致温室气体排放或移除的活动等级的定量测量值即活动数据；不是从产品寿命周期内的特定过程收集的二次数据
	PAS 2050	原材料开采、加工、运输、储存等活动；产品使用、维修等活动	材料用量及其运输、排放因子、排放物、能源消费、能源供给过程、电力和热力发电及运输、运行过程、土地利用变化、生物和气体农业过程、废弃物等

3.2.2　公共机构碳排放来源

公共机构的碳排放源分析须结合其能源消耗特点。依据国家统计局制定的《公共机构能源资源消费统计调查制度》，公共机构能源消耗主要涉及电力、煤炭、天然气、汽油、柴油等。电力主要用于照明、空调、电梯等设施；煤炭、天然气等主要用于食堂和热水供应；车辆交通则是汽油、柴油消耗的主要领域。化石燃料燃烧和外购电力、热力的使用均会产生碳排放。此外，公共机构的资源消耗，包括水、物品、废弃物等，也会间接导致碳排放。而植物碳汇有助于减少碳排放。

结合上述分析，按照公共机构涉及的碳排放对象，结合表 3.1 的碳排放要素，可以得到公共机构碳排放主要来源如表 3.2 所示。

2023 年 2 月，全国机关事务管理研究会发布了《"双碳"目标下公共机构碳减排关键路径探析》报告。报告依据相关温室气体核算标准，核算了公共机构的温室气体排放，指出直接排放源包括公务用车、食堂炊具等，间接排放源包括办公设备、照明等，其他间接排放源包括通勤、差旅等。报告还分析了公共机构碳排放的主要来源，并提出了基于能源、建筑和机构运行的碳排放来源分解图，如图 3.1 所示，明确了公共机构碳减排的关键点和相互关联。

表 3.2 公共机构碳排放来源

对象	种类	用能设备/活动	碳排放来源
能源	外购电力	建筑（照明插座、暖通空调、动力系统、特殊用能）	电力生产运输产生碳排放
		食堂炊事、生活热水	
		公务用车	
	煤炭	食堂炊事、燃煤锅炉	固定设施燃烧化石燃料产生碳排放
	天然气	食堂炊事、生活热水	固定设施燃烧化石燃料产生碳排放
		直燃机、燃气锅炉	
	汽油	公务用车	使用交通工具能源燃烧产生碳排放
	柴油		
	液化石油气	食堂炊事	固定设施燃烧化石燃料产生碳排放
	外购热力	食堂炊事	热力生产运输过程产生碳排放
资源	水	生活用水	自来水生产运输产生碳排放
		绿化灌溉	
	物品	物品（办公耗材，如笔、纸张等）采购	物品生产、物品材料、物品运输产生碳排放
	废弃物	厨余垃圾	生活垃圾处理，填埋、焚烧过程产生碳排放；生活污水处理，污水中有机物、可降解有机物产生的碳排放
		可回收垃圾	
		办公垃圾	
		生活污水	
	碳汇	植物碳汇	吸收二氧化碳

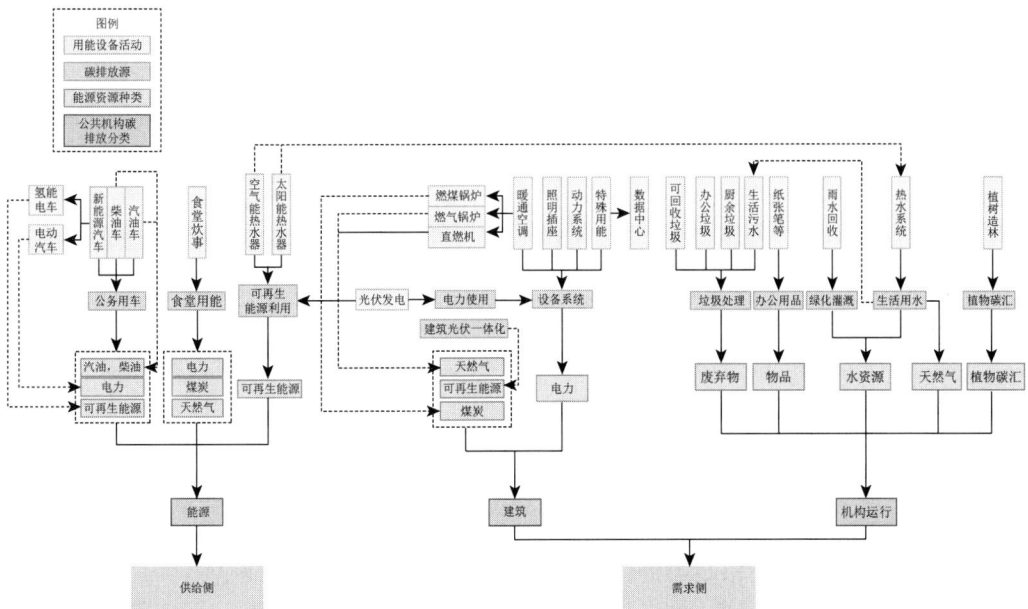

图 3.1 公共机构碳排放来源分解图

3.3 公共机构碳减排需求分析

为了解重庆市公共机构的碳排放情况，收集并分析了 2020~2023 年约 8000 个机构的能源消耗数据，包括教育、医疗和国家机关。研究揭示了这些机构的主要能源使用结构、水资源消耗和新能源汽车的使用比例。

研究对重庆地区公共机构的碳排放现状进行了抽样调研，时间跨度为 2023 年 8 月 22 日~2023 年 10 月 17 日。调研通过问卷进行，涵盖能源低碳化、建筑绿色化、机构绿色化等方面。

基于能源资源数据分析，研究分析了当前重庆市公共机构主要碳排放来源分布情况。基于碳排放现状问卷调研分析，研究分析了当前重庆市公共机构碳减排面临的主要问题，为进一步确定碳减排路径提供基本依据。

3.3.1 碳排放来源统计分析

1. 能源消耗及碳排放占比分析

1）整体能源结构

2020~2023 年对重庆市共计约 8000 个公共机构的能源消耗信息进行统计分析可知：电能消耗占比持续增加；煤炭消耗存在波动，天然气、汽油消耗也呈现上升趋势，其他能源的消耗占比呈现降低趋势。

对近 4 年重庆市公共机构能耗取平均值分析各类能源占比，如图 3.2 所示，能源消耗占比从大到小排序为电、天然气、其他能源、汽油、煤炭、柴油、液化石油气、热力。

根据 IPCC 碳排放因子库，2020~2023 年重庆市公共机构能源碳排放趋势显示，电力消耗导致的二氧化碳排放是主要来源，占比 65%~80%，并逐年增加。这反映出公共机构电力转型成效显著，但清洁能源比例需进一步提高。天然气和煤炭碳排放占比 10%~20%，汽油和柴油合计约 5%，主要来自厨房和车辆消耗，说明厨房电气化和新能源车辆替换有较大改进空间。其他能源比例下降，显示碳减排工作取得进展，且远郊区县其他能源消耗减少。

2）不同类型公共机构能源结构

如图 3.3~3.5 所示，教育机构主要消耗电、天然气、其他能源和煤炭；医疗机构主要消耗电和天然气；国家机关主要消耗电、其他能源、汽油、天然气和柴油。

2020~2023 年各类机构各类能源碳排放趋势如图 3.6~图 3.8 所示。教育机构的电消耗占比波动，煤炭消耗在 2023 年突增；医疗机构和国家机关的天然气消耗占比增长；国家机关的公务用车较多，汽油消耗占比上升。教育机构的其他能源消耗呈下降趋势，但在 2023 年有所反弹；医疗机构和国家机关的其他能源消耗则呈现降低趋势。

从数据可以看出，教育机构电力消耗碳排放占到约 60%，天然气和煤炭的碳排放占据较大比重，超过 20%；医疗机构电力消耗的碳排放占比 80% 左右，其次为天然气的碳排放，占比超过 15%；国家机关电力消耗的碳排放呈现上升趋势，占比约为 65%以上，其次为汽油碳排放超过 10%，天然气碳排放为 8%左右。

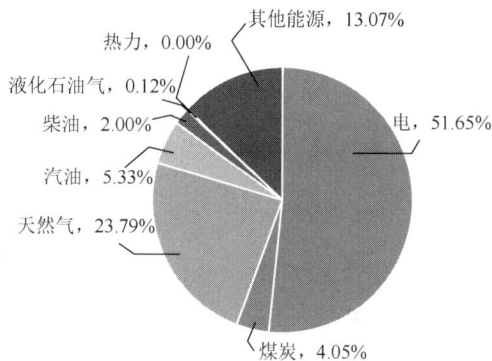

图 3.2　重庆市公共机构能源消耗占比情况

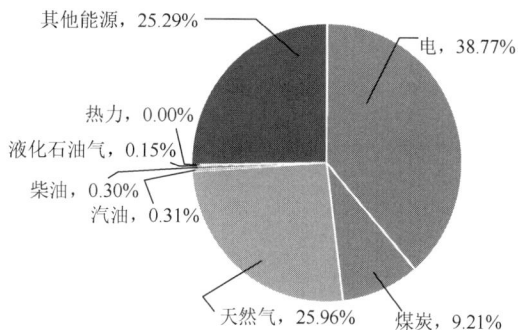

图 3.3　重庆市教育机构能源消耗占比情况

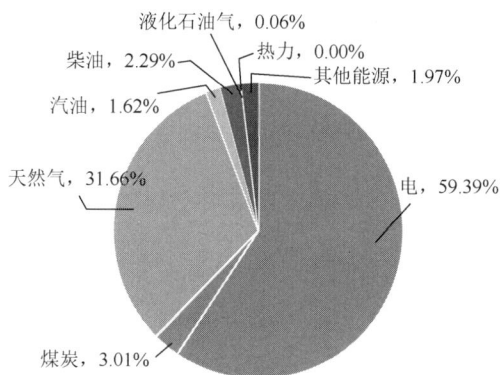

图 3.4　重庆市医疗机构能源消耗占比情况

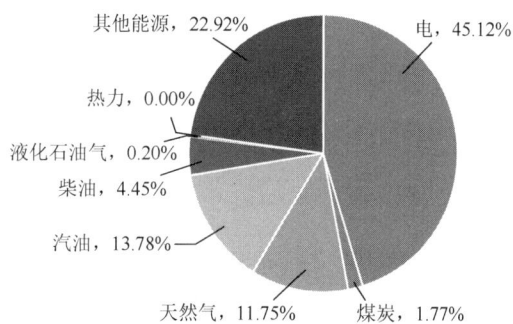

图 3.5　重庆市国家机关能源消耗占比情况

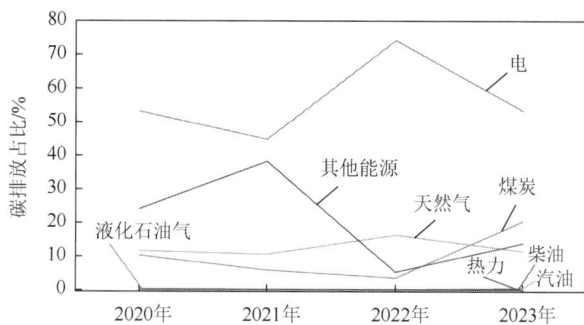

图 3.6　2020～2023 年重庆市教育机构各类能源碳排放趋势图

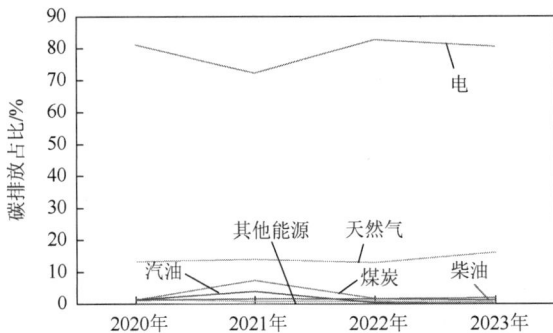

图 3.7　2020～2023 年重庆市医疗机构各类能源碳排放趋势图

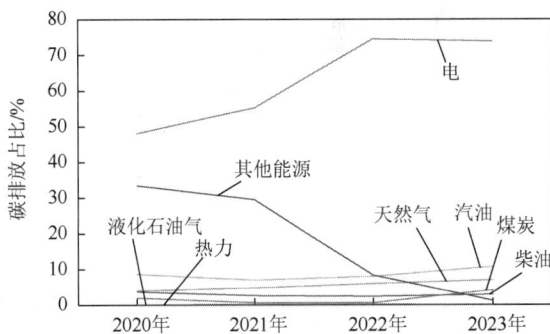

图 3.8　2020～2023 年重庆市国家机关各类能源碳排放趋势图

电力消耗和碳排放是公共机构中占比最大的部分，应推动电气化并增加清洁能源比例以减少碳排放。教育和医疗机构的天然气消耗和碳排放也较大，需转型减少这些领域的能源消耗。国家机关单位的汽油和柴油消耗较高，主要来自公务用车，需要减碳转型。教育机构和国家机关的其他能源消耗也占比较大，需要进一步调研以采取减碳措施。

依据上述分析可见，重庆市公共机构碳减排的总体思路是控制化石能源消耗，减少煤炭消费，优化天然气利用结构。

2. 水资源消耗统计分析

重庆市公共机构人均用水量呈现上升后相对稳定状态，表明当前机构节水工作取得了明显成效。

如图 3.9 所示，人均用水量从高到低依次为国家机关、医疗机构和教育机构。国家机关的用水量比教育机构和医疗机构分别高出约 54% 和 28%，提示需要进一步加强节水措施。

3. 车辆类型统计分析

1）整体情况

经统计分析，重庆市三类公共机构公务用车数量占比情况如图 3.10 所示，国家机关、医疗机构、教育机构公务用车数量分别占全市 78.9%、15.4%、5.7%。

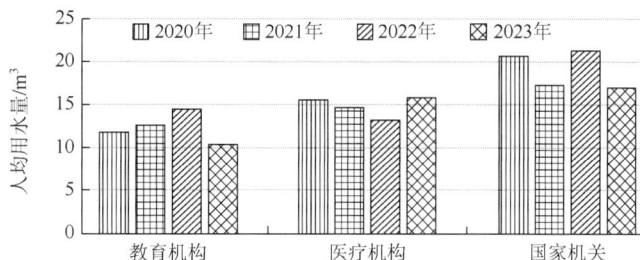

图 3.9　2020～2023 年重庆市三类机构人均用水量变化情况

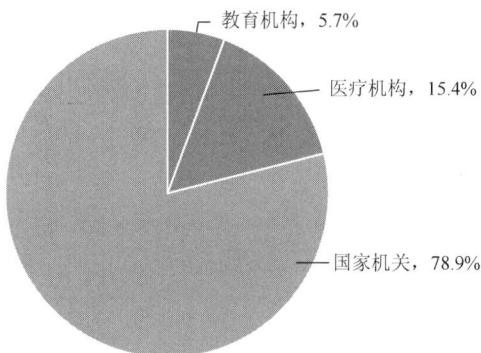

图 3.10　重庆市公务用车数量占比情况

2020～2023 年重庆市公共机构公务用车中各类型汽车占比情况如图 3.11 所示,柴油车占比波动较小,汽油车的占比逐年下降,新能源汽车占比呈现逐年上升趋势,2023 年新能源汽车占比明显增多,占比 46.21%。

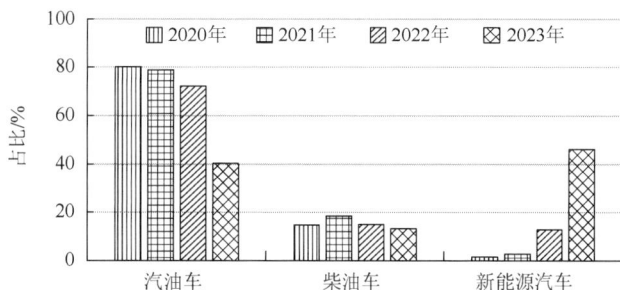

图 3.11　2020～2023 年重庆市公务用车中各类型汽车占比情况

2）不同类型公共机构车辆类型

2020～2023 年重庆市教育机构公务用车中各类型汽车占比情况如图 3.12 所示,汽油车、柴油车的占比略微下降,汽油车整体占比较大,达到 95% 左右,新能源汽车占比很小。

2020～2023 年重庆市医疗机构公务用车中各类型汽车占比情况如图 3.13 所示,医疗机构用汽油车和柴油车的占比较接近,总体占比超过 98%,新能源汽车占比非常小。

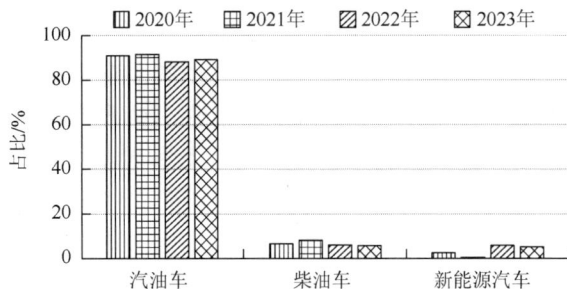

图 3.12　2020～2023 年重庆市教育机构公务用车中各类型汽车占比情况

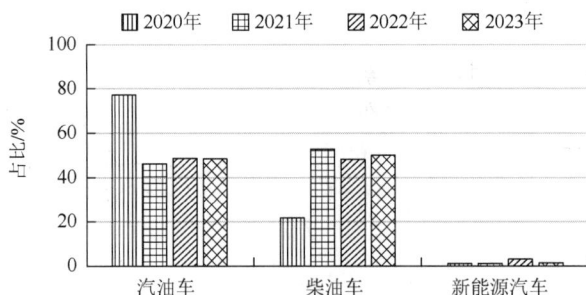

图 3.13　2020～2023 年重庆市医疗机构公务用车中各类型汽车占比情况

　　2020～2023 年重庆市国家机关公务用车中各类型汽车占比情况如图 3.14 所示，2023 年国家机关用汽油车占比大幅降低，柴油车占比波动不大，新能源汽车占比得到大幅增加，超过 40%的占比。

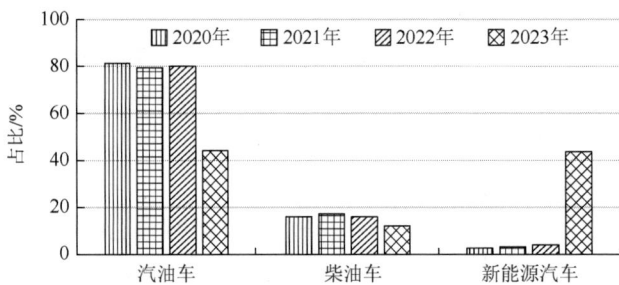

图 3.14　2020～2023 年重庆市国家机关公务用车中各类型汽车占比情况

　　根据数据分析，推广新能源车辆是机构碳减排的重要途径。在当前重庆市公共机构，尤其是教育和医疗机构，可以通过大幅提升新能源车辆对传统燃油车辆的替换达到减碳目的。

3.3.2　公共机构减碳方向分析

　　通过分析公共机构的能源消耗和碳排放现状，可以确定其降低碳排放的主要策略。公共机构作为能源消费端，需实施碳减排和碳抵消措施。具体措施包括：减少直接排放，通过调整能源结构，减少化石能源使用，推广电力替代；提高外购电力和热力的利用效率，降低间接排放；积极进行碳排放抵消。从供给侧看，重点是调整能源结构，促进低碳化，这主要依赖于能源供应方；从需求侧看，公共机构需考虑可再生能源的应用，以及能源使用类型、建筑节能和机构运行的低碳化。本小节将公共机构碳排放要素分为供给侧和需求侧，需求侧进一步细分为能源使用低碳化、建筑运行低碳化和机构运行低碳化三个方面，并结合重庆市公共机构的现状，分析其应对碳排放降低的主要方向。

1. 供给侧

国家机关事务管理局计划到 2025 年，新建公共建筑中 50%将安装光伏屋顶。目前，建筑利用屋顶等安装光伏设施，地热能利用较少。未来，将在市区党政机关、高校、大型医院等推广分布式光伏项目，并探索建设集光伏发电、储能、直流配电、柔性用电于一体的"光储直柔"建筑。同时，将在需要热水的学校、医院、养老机构等推广"太阳能＋空气能"或"空气能"热水系统。

2. 需求侧

1）能源使用低碳化

（1）食堂用能低碳化

教育、医疗和机关机构的天然气消耗分别占其总能耗的 23.74%、31.72%和 12.72%，主要用于食堂供能。鉴于能源低碳化转型趋势，未来应推进公共机构食堂的电气化改造，建设全电厨房。特别是医疗机构，需深入分析天然气消耗来源，若使用溴化锂直燃机，应考虑用电空调机组逐步替代溴化锂直燃机空调机组。

（2）推广新能源汽车

国家正推广新能源汽车，目标是用电力取代化石能源。新能源汽车在新增和更新车辆中的比例应至少为 30%。目前，教育和医疗机构的公务用车分别占 5%和 13%，而机关单位占 82%。因此，机关单位是提高新能源汽车配比的主要力量。同时，还需改善公共机构的充电设施，确保停车场配备足够的充电设备或预留安装条件。

2）建筑运行低碳化

（1）发展绿色建筑

国家机关事务管理局要求新建公共机构建筑必须达到绿色建筑一星级以上标准，并鼓励达到二星级以上。目前，调研显示约 13%的公共机构建筑为绿色建筑，其中 78%为基本级。建议新建建筑采用更高星级的绿色建筑标准，推广超低能耗和低碳建筑，使用环境友好型建材。同时，应加速既有建筑的绿色化改造，并鼓励进行绿色建筑星级评定。

（2）围护结构改造

建筑外围护结构如门窗和玻璃幕墙易导致冷热传导，提高其保温隔热性能可降低能耗，利用遮阳设备和方法能提升建筑保温隔热效果，改善室内舒适度，并减缓设备老化。

（3）设备系统性能提升

暖通空调：调研指出，公共机构主要使用房间空调器，其中部分为 1 级能耗，但也存在不清楚设备能效等级的情况。建议大型建筑采用地源或空气源热泵，优先建设高效制冷机房，改造空调系统以节能，并采购 1 级能效设备。约 40%的主机和 10%的水泵具备变频功能，应通过自动控制技术使空调机房的风机、水泵变频调速，确保设备高效运行。

照明系统：与传统白炽灯相比，LED（发光二极管，light emitting diode）灯具具有更长的使用寿命、节能、环保、安全可靠和良好的视觉效果，因此在更换废旧灯具时应优先考虑高效节能的光源和灯具。智慧照明系统能够根据环境自动调节灯具状态，减少工作时间，节约电能。目前，约 20%的公共机构建筑已安装智慧照明系统，例如在公共场所设置基于使用时间、人流和光照感应的照明自动控制系统。同时，新建的学校、医院等公共机构应推广使用集成了可再生能源发电、储能、充电和监控功能的智慧路灯。

电梯系统：调研显示，有电梯的建筑中，16%的电梯具备群控功能，5%的电梯具有能量回馈装置。当设有两台及以上电梯集中排列时，宜具备群控功能，高层建筑电梯系统宜采用能量回馈装置。

热回收系统：调研显示，公共机构的余热回收利用有较大节能空间。可以采取冷凝热回收、排风热回收和内区热回收等方式，加强对建筑余热的回收利用。

（4）绿色数据中心

对老旧数据中心进行节能改造，并通过余热供暖等方法提高能量回收率。新建大型数据中心应符合绿色标准，达到 4A 级及以上，且电能利用效率（power usage effectiveness，PUE）低于 1.3。

（5）增强能耗监测

建筑应配备独立的能耗监控系统、建筑可视化能源资源环境监测管理平台。通过物联网和互联网技术，实时监控和分析建筑能耗数据，实现智慧监控和能耗预警，以提升能源使用效率，并鼓励有条件的公共机构建立一体化能源管理控制中心。

（6）加强改造和维护

约 30%的建筑已完成节能或绿色化改造，其中有 84%是在过去五年内完成改造。改造后，节能和碳减排效果显著。未来，应继续推进公共机构建筑的节能和绿色化改造，包括对屋顶和外墙进行保温隔热，更新门窗，使用高效灯具等，以提升建筑的热工和气密性能，提高能效。同时，可采用合同能源管理进行节能减碳技术改造。

3）机构运行低碳化

（1）绿色办公

调查显示，大部分人在下班离开时关闭设备，显示出较好的节能习惯。大多数公共机构可自由调整空调温度和风量，可以通过加强节能监管提升人员节能意识。未来应进一步强化节能意识，实施设备定时开关，减少电耗，并在休息时间关闭设备，培养节电习惯。

（2）节约水资源

大多数公共机构使用自来水作为绿化灌溉水源，建议安装回收系统。年均降雨量超800mm地区应有效利用雨水，例如，提高中水使用率，利用杂排水处理后用于多种用途，采用节水灌溉和节水器具，以节约水资源。

（3）物品采购绿色化

现行采购制度强调绿色采购，优先本地购买以降低运输碳排放。未来应加强执行节能环保产品优先采购政策，扩大绿色采购范围，推动绿色低碳管理目标和服务要求。同时，停止使用不可降解一次性塑料制品，推广循环再生办公用品，并逐步增加其采购比例，限制一次性用品的使用。

（4）绿化增效

国家机关事务管理局提出"到 2025 年中央国家机关庭院绿化率不低于 45%"，调研的公共机构庭院绿化主要采用庭院绿植和室内绿植，采用屋顶和立面绿植的公共机构相对较少。推进公共机构庭院绿化美化可以进一步增加植物碳汇，在确保安全的基础上，可根据阳台、屋顶等建筑特点，实施阳台绿化、屋顶绿化、垂直绿化等多种形式，合理搭配植物品种，种植乡土植物，增加公共机构绿化面积，提升自身碳汇能力。

3.4 公共机构碳减排技术路径

3.4.1 公共机构碳排放来源及影响因素

公共机构能源消耗涵盖多种类型，以电力为主，用于照明、暖通、动力系统等。碳排放与设备数量、能效和管理策略相关。煤炭、天然气等主要用于食堂和热水系统，碳排放受灶具和热水器类型及能效影响。公务用车消耗汽油、柴油，其碳排放与车辆类型、油耗和数量有关。

公共机构的资源主要包括水、物品、废弃物、碳汇，水资源的消耗主要来源于生活用水和灌溉用水，涉及的碳排放影响因素包括节水器具类型、用水习惯等；物品采购涉及碳排放影响因素包括物品的材料、运输距离等。植物碳汇则与植物种类、绿地面积相关。

综上，可得到公共机构碳排放来源及其主要影响因素如表 3.3 所示。

分析公共机构碳排放，发现能源、建筑和运行是其主要来源。进一步研究这些领域的碳排放因素，并采取相应减排技术，以实现减排目标。重庆市公共机构碳减排实施技术路径研究项目总结了公共机构在能源、建筑和运行方面的碳排放源、影响因素及减碳技术，从而确定了减排路径。

3.4.2 供给侧减碳技术路径

可再生能源的应用包括：①开发水能、风能、太阳能等可再生能源进行发电；②采用空气源和地源热泵技术为建筑提供空调冷热；③使用太阳能和空气能热水系统；④安装分布式蓄能和蓄冷蓄热装置，增强公共机构对新能源的利用。

结合相关资料及上述分析，整理出公共机构能源方面的减碳技术路径如表 3.4 所示。

表 3.3　公共机构碳排放来源及影响因素

对象	种类	用能设备/活动	碳排放影响因素
能源	外购电力	建筑（照明插座、暖通空调、动力系统、特殊用能）	围护结构类型（外墙、窗、遮阳等）设备类型、设备数量、设备能效（照明、空调、电梯、数据机房）运行管理策略
		食堂炊事、生活热水	—
		公务用车	车辆类型、车辆能效、车辆数量
	煤炭	食堂炊事、燃煤锅炉	灶具、锅炉类型、数量、能效
	天然气	食堂炊事、生活热水	灶具、锅炉类型、数量、能效
		直燃机、燃气锅炉	直燃机、燃气锅炉的能效
	汽油	公务用车	车辆类型、车辆能效、车辆数量
	柴油		
	液化石油气	食堂炊事	灶具类型、数量、能效
	外购热力	食堂炊事	灶具类型、数量、能效
资源	水	生活用水	节水器具类型、用水习惯
		绿化灌溉	灌溉水来源、灌溉方式
	物品	物品（办公耗材，如笔、纸张等）采购	物品生产、物品材料、物品运输距离、采购制度
	废弃物	厨余垃圾	垃圾产生量、回收利用率、处理方式
		可回收垃圾	
		办公垃圾	
		生活污水	
	碳汇	植物碳汇	植物种类、绿地面积

表 3.4　公共机构能源减碳技术路径

对象	技术类型	减碳技术路径
可再生能源利用	发电技术	水能、风能、太阳能、生物质能、地热能及海洋能等可再生能源先进发电；探索建设集光伏发电、储能、直流配电、柔性用电于一体的"光储直柔"公共机构建筑
	空调冷热源	利用可再生能源给建筑提供空调冷热源，如使用空气源热泵、地源热泵、水源热泵技术
	生活热水技术	大力推广"太阳能＋空气能"热水系统或"空气能"热水系统等可再生能源热水系统的应用
	蓄冷蓄热技术	分布式蓄能装置、蓄冷蓄热装置，提升公共机构新能源消纳利用能力

3.4.3　需求侧减碳技术路径

1. 能源使用

公共机构主要消耗煤炭、天然气和液化石油气用于食堂和热水系统，而汽油、柴油主要用于交通。这些化石燃料燃烧产生碳排放。为了减少碳排放，公共机构需调整能源结构，减少化石能源使用，包括用电力替代直接燃烧化石燃料的设备，如使用电气化炊具、电采暖设备和新能源汽车等。

结合相关资料及上述分析，整理出公共机构能源使用方面的减碳技术路径如表 3.5 所示。

表 3.5　公共机构能源使用减碳技术路径

对象	技术类型	减碳技术路径
食堂炊事	炊事设备电气化	采用高效电磁灶具替代燃气、液化石油气灶具，推动炊事设备电气化；鼓励公共机构建设全电厨房
	节能灶具	采用节能灶具，灶具能效水平宜达到 2 级能效等级及以上
锅炉	供热系统	淘汰燃煤锅炉；采用空气源、水源、地源热泵及电锅炉等清洁用能设备替代燃煤、燃油、燃气锅炉
		开展清煤降氮锅炉改造；应用燃气锅炉的智能控制技术
直燃机	空调系统	以电力空调机组替代溴化锂直燃机空调机组
交通出行	交通	依法淘汰高耗能、高排放车辆；推广应用新能源汽车；鼓励乘坐公共交通工具绿色出行；提升公共机构新能源汽车充电保障，增设公共机构新能源汽车充电桩等

2. 建筑运行低碳

公共机构建筑的碳排放主要来源于照明、暖通空调、动力系统和特殊用能设备等，通过提高这些设备的能源利用效率和减少间接排放来实现碳减排。建筑围护结构的优化包括提升保温隔热性能、更换节能窗框和玻璃，以及采取有效的遮阳措施。设备系统能效提升涉及采用高效热泵系统、提升设备能效等级、使用高效节能光源和灯具，以及优化电梯系统。数据中心减碳需提升系统能效、淘汰高能耗 IT 设备、应用高效制冷系统，并达到绿色数据中心标准。运行管理方面，应优化用能设备控制策略和定期维护，能耗监测需加强监测和实时数据分析。改造与维护方面，鼓励采用合同能源管理方式，提高建筑外围护结构性能，实施节能改造和绿色化改造。新建建筑应推广绿色建筑标准，使用环境友好型建材，并对既有建筑进行绿色化改造。

结合相关资料及上述分析，整理出公共机构建筑方面的碳减排技术路径如表 3.6 所示。

3. 机构运行低碳

公共机构的碳排放包括直接排放和间接排放，以及水资源、物品、废弃物产生的排放。减碳措施包括节水器具升级、高效灌溉、利用非传统水源、推广节水技术。物品采购应考虑材料环保性、本地化采购、优先购买绿色产品。垃圾处理需减少垃圾产量、提高回收率，设置厨余垃圾处理设备，提升垃圾分类效率，回收废旧物品。绿化可增加碳汇，通过合理搭配植物、增加绿化面积、植树造林和购买可再生能源证书（绿证）来实现。

表 3.6　公共机构建筑运行减碳技术路径

对象	技术类型	减碳技术路径
围护结构	高保温墙体	采用墙体保温隔热技术、涂料保温隔热技术、相变（内）墙体材料等增强建筑围护结构的保温隔热性； 对外围护结构，结合外立面整治进行性能提升； 采用热桥阻断构造技术
	高性能门窗	采用断桥式节能窗、复合材料节能窗、中空玻璃门窗（惰性气体中空玻璃、Low-E 玻璃）等提升门窗保温隔热性能
	遮阳系统	采取合适的外遮阳、内遮阳系统； 采用导光式遮阳系统
	屋顶节能	采用屋顶节能技术（如通风屋顶、保温隔热屋顶、冰冷顶系统、蓄水屋顶、屋顶绿化等）
设备系统	暖通空调	提升设备能效； 大型建筑供热供冷系统应优先考虑采用地源热泵或空气源热泵 优先采用 1 级能效等级的设备； 空调机房的冷水机组、风机、水泵宜采用自动控制变频调速等技术
	照明系统	推广使用高效节能灯具系统（如 LED 灯）、可再生能源智慧路灯（如光导照明系统、集光照明系统）； 废旧灯具替换优先选用高效节能光源与灯具
	动力系统	两台及以上电梯集中排列时，电梯宜具备群控功能； 高层建筑电梯系统宜采用能量回馈装置； 高层建筑多台电梯宜分区或分层停靠
热回收	热回收	采取冷凝热回收、排风热回收和内区热回收等热回收技术加强对建筑余热的回收利用
数据中心	系统能效	要求新建数据中心达到绿色数据中心要求；绿色低碳等级达到 4A 级以上；电能利用效率在 1.3 以下； 淘汰高能耗的 IT 设备，对于老旧数据中心应实施改造； 应用高密度集成等高效 IT 设备、液冷等高效制冷系统
	能源管理	采用智能的能源管理系统，对数据中心的能源使用进行监控和调整
	能源回收	将数据中心产生的大量余热用于供暖、预热生活热水或其他用途
运营管理	智能化监控系统	5G＋运行管理技术； 智慧楼宇技术； 集中空调系统智能控制、风盘智能控制； 照明系统智能控制； 电动窗帘（百叶）控制系统； 室内温度、湿度控制与显示系统； 空调、采暖、通风设备智能控制系统； 电器设备远程智能控制系统； 建筑物（家居）智能一体化模块控制系统
能耗监测	能耗监测	加强对能耗的监测，对机构用能种类、用能系统进行分类、分项计量 通过运用物联网、互联网技术，实时采集、统计、分析建筑用能数据，实现智慧监控和能耗预警
改造及维护	改造	对建筑屋顶和外墙进行保温、隔热改造，更新建筑门窗、采用高效灯具等； 能效提升（提升标准、节能改造）； 能源替代（电气化）； 明确建筑（新建、改建）能耗基线、实际能耗等级划分； 推广智能化的建筑管理系统应用； 改造工程采用节能材料，如绿色建材
	维护	对设备定期运维管理，提升各系统能效
新建建筑	绿色建筑	通过优化建筑型体、朝向及窗墙面积比等被动式设计； 新建建筑应全面执行高星级绿色建筑标准 建材使用上采用对环境影响较小的绿色建材 加快推广超低能耗建筑和低碳建筑相应示范建筑的建设 加大既有建筑绿色化改造，倡导改造项目进行绿色建筑星级评定

结合相关资料及上述分析，整理出公共机构在机构运行方面的碳减排技术路径如表 3.7 所示。

表 3.7　公共机构在机构运行方面减碳技术路径

对象	技术类型	减碳技术路径
办公	绿色办公	夏季空调温度设置在 26~28℃；冬季温度设置不应高于 20℃；加强节能监管，提升人员节能意识
		下班后及时关闭计算机、打印机等办公设备的电源，减少电耗和待机耗电
		减少纸质资料的印发，推行无纸化办公
水资源	节水器具	推进节水器具升级等节水改造；提高水资源利用效率，加强水资源测量和监测，减少水资源损失
	节水灌溉	采用高效节水灌溉技术
	中水、雨水回收利用	采用中水回用和雨水收集等循环利用技术；设置雨水回收系统，回收雨水用于绿化灌溉
	制度	推广节水新技术、新工艺和新产品示范应用，推广智能节水技术；开展节水评价考核
物品	物品材料	减少使用一次性用品，停止使用不可降解一次性塑料制品；推进循环再生办公用品纳入政府采购范围，并逐步提高采购比例；加大绿色产品及秸秆环保板材等资源综合利用产品采购力度
	运输距离	物品的采购应优先考虑本地采购，减少物品运输过程的碳排放
	采购制度	严格执行节能环保产品优先采购和强制采购制度；在物业、餐饮、合同节能等服务采购需求中，强化绿色低碳管理目标和服务要求
废弃物	垃圾处理和废弃物	开展"光盘行动"等节约粮食活动，建立反食品浪费监管和评估通报制度；分片区设置厨余垃圾自动消纳设备；结合当地园林植物培养基地需求和市政植物施肥需求等进行处理
	资源回收利用	设置垃圾分类设施，提高垃圾再利用率；设置废旧物品回收点，对产生的非涉密废纸、废弃电器电子产品等废旧物品进行回收处理
碳汇	绿植种类	合理搭配植物品种，提倡栽植适合本地区气候土壤条件的抗旱、抗病虫害的乡土树木花草
	绿地面积	增加公共机构庭院绿化，例如根据阳台、屋顶等建筑特点，实施阳台绿化、屋顶绿化、垂直绿化等；开展植树造林活动，鼓励义务植树增加植物碳汇
	碳排放抵消	通过购买可再生能源证书（绿证），抵消等量化石电力所产生的碳排放

3.5　技术实施要点

针对上述碳减排主要技术途径，结合当前技术的研究与分析结果，研究梳理形成相关技术实施的要点。

3.5.1　供给侧

1. 可再生能源利用

公共机构应利用屋顶、屋面及其他条件，自行建设或委托第三方建设光伏发电、风力发电、太阳能集热、地源热泵、空气源热泵等可再生能源利用设施；公共机构可以与附近的企业或社区合作，共享清洁能源资源，形成能源互助的社区网络。

对于光照条件较好的地区建议采用晶硅类太阳能光伏组件，对于弱光照条件地区建议根据项目朝向结合晶硅与非晶硅（如碲化镉）类材料进行设计，光伏系统的设计应满足表 3.8 要求。

表 3.8　光伏系统设计选用表

系统类型	电流类型	是否逆流	有无储能装置	适用范围
并网光伏	交流系统	是	有	发电量大于用电量，且当地电力供应不可靠
			无	发电量大于用电量，且当地电力供应比较可靠
		否	有	发电量小于用电量，且当地电力供应不可靠
			无	发电量小于用电量，且当地电力供应比较可靠
独立光伏系统	直流系统	否	有	偏远无电网地区，电力负荷为直流设备，且供电连续性要求较高
			无	偏远无电网地区，电力负荷为直流设备，且供电无连续性要求
	交流系统		有	偏远无电网地区，电力负荷为交流设备，且供电连续性要求较高
			无	偏远无电网地区，电力负荷为交流设备，且供电无连续性要求

2. 热泵技术

大型公共建筑需根据当地能源条件和实施标准，优先选用热泵技术进行空气调节。其水（地）源热泵和空气源热泵能效等级需满足《热泵和冷水机组能效限定值及能效等级》（GB 19577—2024）[3]。

3. 可再生能源热水系统

有住宿或热水需求的学校、医院、养老机构及党政机关等公共机构，推广"太阳能＋空气能"热水系统或"空气能"热水系统等可再生能源热水系统的应用。太阳能热水系统需符合《民用建筑太阳能热水系统应用技术标准》（GB 50364—2018）[4]中相关规定。

4. 蓄冷蓄热技术

宜采用分布式蓄能、蓄冷蓄热等装置，提升公共机构新能源消纳利用能力。符合以下条件之一，且经综合技术经济比较合理时，宜采用蓄冷系统。

（1）执行峰谷电价且峰谷电价差较大的地区，空气调节冷负荷高峰与电网高峰时段重合，而采用蓄冷方式能做到错峰用电，从而节约运行费用时。

（2）空气调节冷负荷的峰谷差悬殊，使用常规制冷会导致空调工程装机容量过大，且大部分时间处于低负荷下运行时。

（3）对于改造工程，采取利用既有冷源增加蓄冷装置的方式能取得较好的效益时。

（4）蓄冷装置能作为应急冷源使用时。

（5）电能的峰值供应量受到限制，以至于不采用蓄冷系统能源供应不能满足建筑空气调节的正常使用要求时。

符合以下条件之一，且经综合技术经济比较合理时，宜采用蓄热系统。

（1）执行分时电价，且供暖热源采用电力驱动的热泵时。

（2）供暖热源采用太阳能时。

（3）采用余热供暖，且余热供应与供暖负荷需求时段不匹配时。

（4）无锅炉制备热水，但需要为空调提供热水时。

3.5.2　需求侧

3.5.2.1　能源使用低碳

1. 食堂用能低碳化

（1）炊具宜采用节能灶具，灶具能效水平宜达到 2 级能效等级及以上。

（2）机关、医院、学校等公共机构食堂宜采用电能替代，实现全电厨房，减少天然气、液化石油气等消费。

2. 设备用能低碳化

（1）淘汰燃煤锅炉、推进清煤降氮锅炉改造，采用清洁用能设备如水源热泵、生物质锅炉和空气源热泵替代燃煤、燃油、燃气锅炉。

（2）推进制冷系统逐步以电力空调机组替代溴化锂直燃机空调机组。

3. 交通出行低碳化

加快淘汰燃油公务用车，推广应用新能源汽车，鼓励绿色出行，减少汽油、柴油消费。

（1）全市各级党政机关、事业单位和国有企业配备更新公务用车，除特殊工作需要或无适配新能源汽车车型外，原则上全部采购配备新能源汽车，包括纯电动汽车、插电式混合动力（含增程式）汽车和燃料电池汽车等。

（2）完善公务用车管理平台建设，开展公务用车大数据分析，探索精细化管理，提升公务用车使用效率。

（3）建立公务用车油耗台账制度，推广节油新技术、新产品。

（4）鼓励乘坐公共交通工具出行，如地铁、轻轨、电车等，减少城市交通拥堵，提高出行效率，同时减少大量单独驾车所产生的碳排放。

4. 提升公共机构新能源汽车充电保障

内部停车场要配建与使用规模相适应、运行需求相匹配的充（换）电设施设备或预留建设安装条件，鼓励内部充（换）电设施设备向社会公众开放。电动汽车充电设施应按国家发展改革委、国家能源局、工业和信息化部、住房城乡建设部发布的《电动汽车充电基础设施发展指南（2015～2020）》的要求和各项目所在地的地方政策要求，按比例实施电动汽车充电设施的设置。实施安装到位的电动汽车充电设施应满足《电动汽车分散充电设施工程技术标准》（GB/T 51313—2018）[5]中的相关技术要求。

3.5.2.2 建筑运行低碳

1. 推广绿色建筑

（1）新建建筑应全面按照《绿色建筑评价标准》（GB/T 50378—2019）[6]执行。

（2）绿色建筑设计应优先采用绿色建材，通过绿色建材产品认证的建材一般可认为达到三星级绿色建材产品的要求。

（3）加快推广超低能耗建筑和低碳建筑相应示范建筑的建设，建筑的施工/施工质量控制与验收、运行与评价按照《公共机构超低能耗建筑技术标准》（T/CECS 713—2020）[7]和《建筑与市政工程绿色施工评价标准》（GB/T 50640—2023）[8]执行。

（4）加大既有建筑绿色化改造，倡导改造项目进行绿色建筑星级评定，评定细则按照《绿色建筑评价标准》（GB/T 50378—2019）[6]、《绿色建筑评价标准技术细则 2019》[9]进行。

2. 提升围护结构保温隔热性能

1）外墙性能提升

（1）采用墙体保温隔热技术、涂料保温隔热技术、相变（内）墙体材料等增强建筑围护结构的保温隔热性，对外围护结构，结合外立面整治进行性能提升。

（2）在设计施工时，应对窗洞、阳台板、突出圈梁及构造柱等位置采用一定的保温方式，达到较好的保温节能效果并增加舒适度。

2）密封材料

外窗密封材料的质量对房屋保温和墙体防水至关重要。钢塑门窗框与墙体间的空隙常用聚氨酯发泡体填充，因其具有良好的密封、保温和隔热性能。密封条分为毛条和胶条两种，硅胶和三元乙丙胶条也是常用的密封材料。

3）窗框材料

目前节能窗的窗框型材种类很多，有铝合金断热型材、铝木复合型材、钢塑整体挤出型材及硬质聚氯乙烯塑料型材等。对于寒冷和严寒地区，门窗应选用强度高、导热系数低、耐候性能强的玻璃纤维增强塑料（玻璃钢）型材；夏热冬冷地区外窗可采用塑料型材、隔热铝合金型材、隔热钢型材、玻璃钢型材等。

（1）门窗玻璃类型

寒冷和严寒地区门窗玻璃宜采用高透光的无色透明玻璃；着色玻璃可用于夏季空调能耗为主的南方地区；单片热反射镀膜玻璃的保温性与单片透明玻璃相差无几，因此适用于夏热冬暖和夏热冬冷地区，其隔热性、保温性均优于着色玻璃；夏热冬冷地区建筑门窗应采用中空玻璃、Low-E 中空玻璃、充惰性气体的 Low-E 中空玻璃、两层或三层中空玻璃等；夏热冬暖地区在对强烈的太阳辐射普遍采用有效的室内遮阳隔热措施情况下，采用三个档次的玻璃：普通单片玻璃、中档的中空玻璃、高档普通中空或热反射中空及低辐射中空玻璃。

（2）增加遮阳措施

优先选择活动外遮阳，低层建筑可利用绿植（如乔灌木、爬藤植物）遮阳和屋顶绿化；高层建筑适合中置活动遮阳。建筑门窗、幕墙遮阳分为固定和活动两种，固定遮阳包括屋檐、挡板、绿植和智能温控玻璃；活动遮阳有百叶、卷帘等。室内遮阳设施如窗帘、卷帘、百叶帘和保温盖板等，因其易安装、操作、维护和良好私密性而广泛使用，但遮阳效果不及外部遮阳设施。

（3）屋面绿化

建筑屋顶绿化可明显降低建筑物周围环境温度（0.5～4.0℃），与普通隔热屋面相比，夏季绿化屋面表面温度平均低 6.3℃，屋面下的室内温度低 2.6℃。建筑实行屋面绿化，可以大幅降低建筑能耗、减少温室气体的排放，同时可增加城市绿地面积、美化城市、改善城市气候环境。具体实施需参照当地相关标准。

（4）蓄水屋面

蓄水屋面适用于夏热冬暖地区和部分夏热冬冷地区（极端最低温度高于-5℃地区），屋面防水等级为III级的建筑物。不宜在寒冷地区、地震地区和振动较大的建筑物上采用蓄水屋面。应根据工程特点、地区自然条件等，按照屋面防水等级的设防要求，进行蓄水屋面工程防水构造设计，且重要部位应有详图。

3. 暖通空调

（1）大型建筑供热供冷系统应优先考虑采用地源热泵或空气源热泵。

（2）建筑选用设备节能水平须不低于现行 2 级能效，与能效准入水平产品设备相比，应更符合节能要求，同时在 3～5 年内可转化为下一阶段的准入水平，并鼓励使用节能水平达到现行 1 级能效的设备。

（3）空调机房的风机、水泵和机组宜采用自动控制变频调速等技术，使设备处于经济高效运行状态，并通过智能控制做到实时调整设备的运行状态，改善三相电流不平衡、负荷不匹配、部分负载功率因数偏低等现象。

（4）当空调系统循环水泵的实际水量超过原设计值的 20%或循环水泵的实际运行效率低于铭牌值的80%时，对水泵进行相应的调节或改造。

4. 照明系统

废旧灯具替换优先选用高效节能光源与灯具（如 LED 灯），室外路灯及景观照明可考虑使用太阳能等可再生能源。

照明系统控制宜满足下列要求。

（1）宜根据室外光照强度、有人无人或人数多少实现分区优化控制。

（2）公共场所的照明控制宜根据使用时间、人员流动、光照感应等设置自动控制系统。

（3）夜景照明定时（分季节天气变化及假日、节日）自动开关灯。夜景照明应具备平常日、一般节日、重大节日开灯控制模式。

（4）体育馆、影剧院、候机厅、博物馆、美术馆等公共建筑宜采用智能照明控制，并按需要采取调光或降低照度的控制措施。

5. 动力系统

1）电梯群控节能技术

为解决高层建筑住户出行难题，电梯群控系统会根据楼层和客流自动匹配最佳调度方案，减少等待时间，提升体验并降低能耗。

2）电梯系统宜采用能量回馈装置

逆变器和电容器等装置将电梯运行过程中产生的能量转换为电能，反馈给电网或负载设备。电梯下行能量被回收利用，改善控制系统温度，延长使用寿命，降低机房温度，减少空调使用，节省电能，其综合节电效率可达 20%～50%。电梯能量回馈装置设计须满足《电梯能量回馈装置》（GB/T 32271—2015）[10]中相关标准。

3）电梯管理

（1）加强电梯待机管理，当电梯不运行时让电梯自动进入休眠状态。

（2）加强电梯日常管理，根据客流量规律制定出一套科学的电梯管理方案，在乘客流量少的时候关闭一些电梯，在乘客流量高峰期的时候增加电梯运行数量。

（3）采用单双层运行方式可以减少电梯停机次数并缩短电梯待机时长，从而达到降低能量消耗的目的。

（4）利用物联网技术实现对电梯的无线控制、远程控制和智能化控制，减少电梯线缆的使用量从而节约能量消耗。

6. 热回收系统

应采取冷凝热回收、排风热回收和内区热回收等方式，对建筑物内产生的余热进行回收利用。

（1）双冷凝器热回收技术，该形式主要应用于中央空调冷水机组。

（2）热泵余热回收技术，比较适合在现有的空调冷却水系统中进行改造，控制也比较容易实现。

（3）排风热回收装置利用空气-空气热交换器来回收排风中的冷（热）能对新风进行预处理。

（4）建筑物内区无外窗和外墙，四季无围护结构冷、热负荷。但在建筑内区中有人员、灯光、发热等设备，因此全年均有余热。回收内区热量主要采用水环热泵空调系统。

7. 数据中心减排

（1）推动老旧数据中心改造，需淘汰高能耗的 IT 设备，应用高密度集成等高效 IT 设备、液冷等高效制冷系统。

（2）优化资源配置，提高服务器资源利用率，合理控制终端设备数量。

（3）开展能量回收再利用，如用于供暖、预热生活热水。

（4）新建大型、超大型数据中心，须达到 4A 级及以上的低碳等级，同时电能利用效率低于 1.3。

8. 设备管理系统

下列为设备运行管理中的要求。

（1）针对不同设备的使用特点，实施时间启停控制、间歇循环控制或最佳启停控制。

（2）在不影响设备安全运行和室内环境质量前提下，优化设备或系统运行控制策略，采用先进控制算法，实现节能控制。

（3）采用先进系统集成技术，发挥各系统间的联动作用，实现设备运行参数远程自动采集，在线设备故障自动诊断和控制策略优化等功能。

9. 建筑运行管理

（1）5G＋运行管理技术：5G（第五代移动通信技术）被视为信息基础设施的代表领域，在城市建设运行管理中应多使用 5G、大数据、云计算、人工智能等新一代信息技术。

（2）中央空调智能控制系统：中央空调智能控制系统通过传感器、控制器和网络连接等组成部分，实时获取各个区域的温度、湿度、二氧化碳浓度等数据，并根据预设的参数和算法来自动调整空调系统的运行状态，以达到舒适性、节能性和环保性的最佳平衡。

（3）风机盘管群控系统：风机盘管群控系统通过具有联网功能的温控器对风机盘管实时控制，配合网络集控器，监控软件等管理设备，对建筑内所有的风机盘管实现集中化管理，达到节约能源、精细化管理、减少人力的目的。

（4）照明系统智能控制：智能照明控制系统是利用先进电磁调压及电子感应技术，对供电进行实时监控与跟踪，自动平滑地调节电路的电压和电流幅度，改善照明电路中不平衡负荷所带来的额外功耗，提高功率因数，降低灯具和线路的工作温度，达到优化供电目的的照明控制系统。

（5）可预先设置多个不同场景，支持移动传感器、红外遥控等控制方式。

（6）可接入各种传感器对灯光进行自动控制。

（7）可以联网与楼宇智能控制系统联动，实现对灯光的全面智能控制。

（8）支持声、光、热、人及动物的移动检测，根据环境条件智能调节灯光。

10. 分项计量

宜对机构所在建筑按照用能种类、用能系统进行分类、分项计量。分项能耗中电量应分为 4 个分项，包括照明插座用电、空调用电、动力用电和特殊用电。上述 4 个分项中，空调用电宜分为一、二级子项，其余可根据建筑用能系统的实际情况灵活细分为一级子项和二级子项，具体如表 3.9 和表 3.10 所示。具体的能耗采集对象、采集方法、数据处理方法等内容参照《国家机关办公建筑和大型公共建筑能耗监测系统分项能耗数据采集技术导则》[11]。

表 3.9　分项能耗一级子项

分项能耗	一级子项
照明插座用电	照明与插座
	走廊与应急
	室外景观照明
空调用电	冷热站
	空调末端
动力用电	电梯
	水泵
	通风机
特殊用电	信息中心
	洗衣房
	厨房餐厅
	游泳池
	健身房
	其他

表 3.10　分项能耗二级子项

二级子项
冷冻泵，冷却泵，冷机，冷塔，热水循环泵，电锅炉

1）能源监测

建筑能源监测宜满足下列要求。

（1）能耗监测系统由能耗数据采集系统、能耗数据传输系统和能耗数据中心的软硬件设备及系统组成。

（2）用于能耗监测系统的能耗计量装置应采用经国家认可计量核定单位检定合格的产品。

（3）新建能耗监测系统应与用能系统和配电系统同步设计、同步施工并同步验收。

（4）既有建筑的能耗监测系统应以各用能系统现状、变配电相关技术资料和现场条件为基础进行建设，并应充分利用现有的监测系统或设备。

2）改造与维护

宜对老旧建筑进行节能改造、绿色化改造；对既有建筑围护结构、照明、电梯等综合型用能系统和设施设备节能改造，应使其达到《绿色建筑评价标准》（GB/T 50378—2019）[6]要求。

在对建筑进行保温、隔热改造时，可采取以下措施。

（1）外墙保温：在建筑外墙上施加一层保温材料，如保温板、岩棉板等。

（2）屋顶保温：在屋顶上安装保温材料，如保温板、聚苯颗粒等。

（3）地板保温：在建筑地板上加设保温层，如地面保温垫、保温板等。

（4）窗户隔热：可在窗户上安装隔热窗玻璃，或使用窗帘、百叶窗等窗饰物。

（5）采用隔热材料：在建筑材料中选择具有良好隔热性能的材料如多层玻璃、保温材料等。

（6）空气密封性：加强建筑的空气密封性，减少缺口和漏洞。

（7）采用高性能节能标识产品，包括门窗产品、保温材料、照明灯具、冷热源机组、采暖空调末端设备、环控一体机和遮阳设施等。

3.5.2.3　机构运行低碳

1. 绿色办公

1）合理设置空调温度

（1）夏季空调温度宜设置在 26～28℃。在冬季，温度设置不应高于 20℃。

（2）加强节能监管，采取有效的措施提升人员的节能意识，以确保可持续发展。

2）培养节电习惯

公共机构可通过宣传节能知识、培训节能技能等培养机构员工下班后及时关闭计算机、打印机等办公设备的习惯。通过设置自动关机功能或使用智能插座等设备来帮助员工更加便捷地控制电源关闭。

3）减少物品消耗

推行无纸化办公，减少纸质材料的印发。无纸化办公可以通过电子文件、电子邮件、在线会议等方式替代传统的纸质文档和会议记录，减少纸张、墨盒等办公耗材的使用，降低办公废弃物的产生。

2. 节约水资源

1）安装节水器具

（1）推进节水器具升级和其他节水改造，例如安装节水淋浴头和水龙头、更换节水马桶和厕所冲洗系统。

（2）厨房、食堂、卫生间、洗手间和盥洗室宜采用节气型、节水型、节电型器具，并安装时控装置，夜间应切断电源。

（3）加强漏水检测和修复，并提高员工节水意识。

2）加强非传统水资源利用

（1）利用中水回用设备提升建筑中水利用率，以杂排水、优质杂排水作为原水，经集中处理后回用于绿化浇灌、车辆冲洗、道路冲洗、坐便器冲洗等。

（2）雨水控制及利用工程应根据项目的具体情况、当地的水资源状况和经济发展水平合理采用低影响开发雨水系统的各项技术。

（3）传染病医院的雨水、含有重金属污染和化学污染等地表污染严重的场地雨水，不得采用雨水收集回用系统。有特殊污染源的建筑与小区，雨水控制及利用工程应经专题论证。

3）节水灌溉

（1）节水绿化灌溉水源应先利用雨水、水质达标的中水、再生水源等非传统水源，其次利用经处理达标后的河流水、湖泊水、水库水，最后利用城镇自来水。

（2）绿化浇洒应采用高效节水灌溉方式，节水灌溉有喷灌、微灌、地下灌溉、滴灌和渠道防渗等方式。

（3）建筑绿地节水灌溉系统宜采用分区轮灌的方式进行灌溉。当绿地面积较小，且水源供水量能够满足绿地内全部灌水器流量之和时，可采用续灌方式。

（4）绿化灌溉可采用智能灌溉控制、土壤湿度传感器或雨天自动关闭等节水控制方式。

3. 物品采购绿色化

1）物品材料

（1）减少一次性用品使用，停止使用不可降解的一次性塑料制品。

（2）提高循环再生办公用品采购比例，加大绿色产品及资源综合利用产品采购力度。

2）运输距离

在符合当地相关法规政策下，应优先考虑本地采购，缩短物品从生产地到消费地的运输距离，减少运输过程中产生的碳排放。

3）采购制度

（1）严格执行节能环保产品优先采购和强制采购制度，强制和优先采购节能、节水产品，带头采购更多节能、低碳、循环再生等绿色产品，优先采购秸秆环保板材等资源综合利用产品。

（2）强化采购人主体责任，将绿色采购要求落实到采购需求文件编制中，在产品技术指标、合同履约管理、废弃物回收利用等环节对供应商进行约束。

（3）健全绿色采购绩效评估机制，对绿色采购行为进行绩效考核，同时完善监督机制，设立专门机构对绿色采购的各个环节进行监督。

4. 废弃物

1）垃圾处理和废弃物回收利用

公共机构在运行过程中产生的废纸、废金属、废塑料、废弃电器电子产品、废旧机电设备、报废汽车和其他废旧商品等，应按照《公共机构废旧商品回收体系管理规范》（GB/T 45074—2024）[12]执行。

（1）在公共机构、社区等场所设置专门的分类回收设施，布设可回收物智能回收点和有害垃圾归集点，推行定时定点、楼道撤桶等倒逼机制。

（2）规范环卫车辆管理，针对可回收物、有害垃圾、厨余垃圾和其他垃圾，建立电话预约、定时清运等运输作业机制，解决"先分后混"等问题。

（3）在各片区设置厨余垃圾自动消纳设备，并结合当地园林植物培养基地需求和市政植物施肥需求，将这些厨余垃圾进行资源化利用，以实现资源循环利用和减少对环境的负面影响。

2）食品浪费

公共机构食堂应符合《机关食堂反食品浪费工作指南》（GB/T 42967—2023）[13]的要求。

3）制度

参考《城市生活垃圾分类标志》（GB/T 19095—2019）[14]制定明确的分类标准和要求，提供必要设施和教育培训，并进行综合考评和宣传倡导，有效提升公共机构的生活垃圾分类达标率。

5. 植物碳汇

1）合理搭配绿植种类

场地绿化应采用乔、灌、草结合的复层绿化，同时合理搭配适合本地气候土壤条件的抗旱、抗病虫害的乡土树木花草。

2）增加绿地面积

增加公共机构庭院绿化面积可通过以下方法。

（1）对于具备屋面绿化、墙面绿化和中庭绿化条件的建筑，宜合理增加垂直绿化、屋顶绿化、棚架绿化、阳台绿化等立体绿化方式。

（2）无土屋顶绿化技术采用无土基质载体，在屋顶上形成草坪，不会对屋顶安全和寿命产生影响。

（3）室内绿化可以使用小型树木来美化环境，并吸收噪声，同时可在墙面上设计植物造型，以及摆放小型植物，为室内空间增添绿意。

6. 公共机构碳抵消

通过扩展运行活动外的措施，如开展公益植树造林等方式抵消公共机构的碳排放量；参与绿色电力市场化交易，购买绿证或直接绿色电力交易等途径实现零碳电力消费；采用本地碳排放权交易市场的碳配额的抵消方式，不足部分可用碳信用抵消，且宜按照优先顺序使用以下类型项目的碳信用。

（1）购买国家温室气体自愿减排项目产生的"核证自愿减排量"，优先选择植物碳汇类项目及本地温室气体自愿减排项目。

（2）购买政府批准、备案或者认可的碳普惠项目减排量，优先选择本地低碳出行抵消产品。

（3）购买政府核证节能项目碳减排量，优先选择本地节能项目。

3.6　小结及展望

3.6.1　小结

1. 公共机构碳排放主要来源

就公共机构而言，直接排放主要是指化石燃料在各种类型的固定和移动燃烧设备中发生氧化燃烧过程产生的二氧化碳排放，间接排放主要是指消耗外购电力和外购热力产生的排放。

其中，公共机构直接碳排放对象包括食堂炊事、生活热水、公务用车、直燃机、燃气锅炉、燃煤锅炉等；间接排放对象包括公共机构中的建筑内暖通空调、照明系统、动力系统、特殊用能系统；其他间接排放对象包括机构运行中的水资源、物品、废弃物、植物碳汇。

2．公共机构碳减排主要措施

结合公共机构的主要碳排放对象，公共机构可以在能源、建筑和机构运行三个层面，通过加强电气化设备转换，提升新建建筑绿色低碳水平、推进既有建筑绿色低碳改造，完善机构整体运行维护管理、提升设备产品与消耗品的低碳化水平，并在各相关方面出台强化管理制度，实行定额化管理，通过技术与管理联动，全面促进公共机构碳减排的实现。

3.6.2　进一步研究展望

1．典型机构碳排放情况研究

当前针对公共机构碳排放整体情况进行了总结和梳理，得到了整体状况和发展方向。后续，可针对碳排放量高、中、低的各类型机构开展涉及能源、建筑、机构的周期性实测与调研，详细分析各自影响的因素、关联关系，得到典型机构碳减排的确定性方法，制定明确的碳达峰实施路径。

2．代表性技术措施减排效果研究

基于本章研究提出的碳减排技术路径，为了进一步明确技术实施效果，后续可针对代表性机构的代表性技术，开展实际示范应用，并进行效果监测，分析技术应用要点、难点和碳排放核算方法，确定技术应用遴选方法，制定公共机构碳中和发展技术路径。

参 考 文 献

[1] 蔡博峰, 朱松丽, 于胜民, 等.《IPCC 2006 年国家温室气体清单指南 2019 修订版》解读[J]. 环境工程, 2019, 37(8): 1-11.

[2] 中华人民共和国国家发展和改革委员会气候司. 省级温室气体清单编制指南(试行)[Z]. 2011.

[3] 国家市场监督管理总局, 国家标准化管理委员会. 热泵和冷水机组能效限定值及能效等级: GB 19577—2024[S]. 2024.

[4] 中华人民共和国住房和城乡建设部, 国家市场监督管理总局. 民用建筑太阳能热水系统应用技术标准: GB 50364—2018[S]. 北京: 中国建筑工业出版社, 2018.

[5] 中华人民共和国住房和城乡建设部, 国家市场监督管理总局. 电动汽车分散充电设施工程技术标准: GB/T 51313—2018[S]. 北京: 中国计划出版社, 2019.

[6] 中华人民共和国住房和城乡建设部. 绿色建筑评价标准: GB/T 50378—2019[S]. 北京: 中国建筑工业出版社, 2019.

[7] 中国工程建设标准化协会. 公共机构超低能耗建筑技术标准: T/CECS 713—2020[S]. 北京: 中国建筑工业出版社, 2020.

[8] 中华人民共和国住房和城乡建设部, 国家市场监督管理总局. 建筑与市政工程绿色施工评价标准: GB/T 50640—

2023[S]. 北京: 中国计划出版社, 2023.

[9]　王清勤, 韩继红, 曾捷. 绿色建筑评价标准技术细则 2019[M]. 北京: 中国建筑工业出版社, 2020.

[10]　中华人民共和国国家质量监督检验检疫总局, 中国国家标准化管理委员会. 电梯能量回馈装置: GB/T 32271—2015[S]. 2015.

[11]　中华人民共和国住房和城乡建设部. 国家机关办公建筑和大型公共建筑能耗监测系统分项能耗数据采集技术导则[Z]. 2008.

[12]　国家市场监督管理总局, 国家标准化管理委员会. 公共机构废旧商品回收体系管理规范: GB/T 45074—2024[S]. 北京: 中国标准出版社, 2024.

[13]　全国机关事务管理标准化工作组(SAC/SWG 17). 机关食堂反食品浪费工作指南: GB/T 42967—2023[S]. 北京: 中国标准出版社, 2023.

[14]　国家市场监督管理总局, 中国国家标准化管理委员会. 城市生活垃圾分类标志: GB/T 19095—2019[S]. 2019.

本章作者：重庆市机关事务管理局　　李永平，方立，黄小春
　　　　　　重庆大学　　丁勇，余雪琴，胡欣

第4章 既有建筑绿色低碳改造与发展

既有公共建筑是已经建成并正在被使用的建筑，其中包括一些高耗能的公共建筑，这些建筑存在能耗大、热舒适性差等显著不足，已经不能满足经济、社会和生态环境可持续发展的要求。这些高耗能公共建筑面积存量大，蕴藏巨大的节能减排潜力，故对既有公共建筑尤其是对高耗能公共建筑进行节能改造是建筑领域减少碳排放的重要途径，是缓解能源短缺，提高能源利用效率的重要手段。

截至 2020 年我国既有公共建筑存量面积达到 140 亿 m^2，公共建筑总能耗 3.46 亿 tce（tce 为标准煤当量），占建筑总能耗的 33%。所有建筑运行阶段碳排放 21.6 亿 tCO_2，占全国碳排放总量的 21.7%。通过节能改造减少既有高能耗建筑能耗，是"双碳"背景下我国建筑领域的重要举措。目前我国在推进既有建筑改造工作方面，总体上逐步向集成化、绿色化、综合化的改造方向转变。

4.1 政策体系建设

在 2023～2024 年，重庆市为深入贯彻党中央、国务院关于碳达峰、碳中和决策部署，控制城乡建设领域碳排放量增长，切实做好城乡建设领域碳达峰工作，加快推进城乡建设绿色低碳转型发展，进一步加快推动重庆市建筑领域节能降碳工作，发布了一系列相关政策，为"十四五"期间绿色建筑和节能改造的发展做好了统筹规划与任务安排，完善了相关政策制度建设。

重庆市住房和城乡建设委员会和重庆市发展和改革委员会，在 2023 年 1 月印发了《重庆市城乡建设领域碳达峰实施方案》，在 2024 年 10 月印发《重庆市贯彻落实〈国务院办公厅关于转发国家发展改革委 住房城乡建设部加快推动建筑领域节能降碳工作方案的通知〉重点任务分工方案》，政策中提出城乡建设领域碳达峰工作的主要目标与建筑领域节能降碳工作，并做好相关工作安排，为重庆市城乡建设领域碳达峰工作与建筑领域节能降碳工作做好行动纲领。

重庆市住房和城乡建设委员会在 2023 年 3 月发布了《关于做好 2023 年全市绿色建筑与节能工作的通知》，在 2024 年《关于做好 2024 年全市绿色建筑与节能工作的通知》中，提出了 2023～2024 年绿色建筑与节能工作的主要任务。

重庆市住房和城乡建设委员会在 2023 年 6 月发布了《关于公布 2023 年第一批绿色低碳建筑示范项目的通知》，在 2023 年 10 月发布了《关于公布 2023 年第二批绿色低碳建筑示范项目的通知》，在 2024 年 5 月发布了《关于公布 2024 年第一批绿色低碳建筑示范项目的通知》，旨在强化对示范项目的安全和质量监管，加强对示范项目帮扶指导，高效推进示范项目建设。

在 2022 年 7 月，重庆市住房和城乡建设委员会发布了《关于下达 2023 年度勘察设计行业创新研究与能力建设项目和绿色建筑配套能力建设项目计划的通知》，旨在提升勘察设计行业技术创新能力和加强绿色建筑领域的技术与管理机制创新，积极推进勘察设计行业和绿色建筑领域高质量发展。

在 2022 年 11 月 2 日，重庆市住房和城乡建设委员会和重庆市财政局印发了《重庆市绿色低碳建筑示范项目和资金管理办法》的通知，旨在贯彻落实党中央、国务院关于城乡建设绿色发展和碳达峰、碳中和的重要决策部署，推进重庆市建筑高质量发展，规范示范项目认定流程和补助资金管理，发挥示范项目在重庆市的引领和示范作用，促进建设领域低碳发展。

以下将介绍相关政策，具体内容节选自政策原文或附件中同绿色建筑与节能改造相关的部分，选取内容未做文字改动。

4.1.1　《重庆市城乡建设领域碳达峰实施方案》

《重庆市城乡建设领域碳达峰实施方案》中与绿色建筑与节能改造相关的内容如下。

为深入贯彻党中央、国务院关于碳达峰碳中和决策部署，控制城乡建设领域碳排放量增长，切实做好城乡建设领域碳达峰工作，加快推进城乡建设绿色低碳转型发展，根据《住房和城乡建设部　国家发展改革委关于印发城乡建设领域碳达峰实施方案的通知》（建标〔2022〕53 号）、《中共重庆市委　重庆市人民政府 关于完整准确全面贯彻新发展理念做好碳达峰碳中和工作的实施意见》（渝委发〔2022〕8 号），结合重庆实际，制定本实施方案。

1. 主要目标

2030 年前，城乡建设领域碳排放达到峰值。城乡建设绿色低碳发展政策体系和体制机制基本建立，绿色低碳发展模式基本形成；建筑节能、垃圾资源化利用等水平大幅提高，能源资源利用效率达到国际先进水平；用能结构和方式更加优化，可再生能源应用更加充分；城乡建设方式绿色低碳转型进展明显，"大量建设、大量消耗、大量排放"基本扭转；城市整体性、系统性、生长性增强，"城市病"问题初步解决；建筑品质和工程质量进一步提高，人居环境质量大幅改善；绿色生活方式普遍形成，绿色低碳运行初步实现。

力争到 2060 年前，城乡建设方式全面实现绿色低碳转型，系统性变革全面实现，美好人居环境全面建成，城乡建设领域碳排放治理现代化全面实现，人民生活更加幸福。

2. 主要任务

1）发展绿色低碳建筑

持续开展绿色建筑创建行动，推动星级绿色建筑、绿色生态住宅小区建设，主城都市区行政区域内政府投资或以政府投资为主的公共建筑和社会投资建筑面积 2 万 m² 及以上的大型公共建筑应达到二星级及以上绿色建筑标准，其他区县行政区域内同类型公共建筑应达到一星级及以上标准，到 2025 年，城镇新建建筑全面执行绿色建筑标准，星级绿色建筑占比达到 30%以上。提升住宅品质，积极发展与地区经济和市场需求相适应的住宅户型。结合我市气候特征，合理确定建筑朝向、窗墙面积比和体形系数，推动建筑保温隔热、自然通风、采光、遮阳、除湿等被动式技术在建筑中应用。合理布局居住生活空间，鼓励大开间、小进深户型设计。建立超低（近零）能耗建筑、低碳（零碳）建筑技术、标准、产业支撑体系，积极推动工程试点示范，到 2025 年，超低（近零）能耗建筑、低碳（零碳）建筑示范项目面积不低于 30 万 m²；2030 年前城镇新建居住建筑本体达到 75%节能要求，新建公共建筑本体达到 78%节能要求。严格实施建筑能效（绿色建筑）测评与标识制度，强化绿色建筑与节能闭合监管。加强物业管理活动监督管理，提高住宅共用设施设备维修养护水平，提升智能化程度，加强住宅共用部位维护管理，延长住宅使用寿命。

2）推进既有建筑绿色化改造

总结我市公共建筑节能改造重点城市工作经验，推进既有公共建筑节能改造向综合型绿色化改造转变。推动公共建筑节能监管体系建设与应用，加强公共建筑能耗监测和统计分析，逐步实施能耗限额管理。结合城市更新、老旧小区改造，加强既有居住建筑节能改造鉴定评估，编制改造专项规划，对具备改造价值和条件的居住建筑要应改尽改，改造部分节能水平达到现行标准规定。到 2025 年新增城镇既有建筑绿色化改造面积 500 万 m²。加强空调、照明、电梯等重点用能设备运行调适，提升设备能效，到 2030 年公共建筑机电系统能效在现有水平上提升 10%。

3）推进可再生能源建筑应用

因地制宜推进浅层地热能等可再生能源规模化应用，推动以水源热泵技术为代表的可再生能源应用示范项目建设，推广空气源等各类电动热泵技术，推进具备资源条件和能源需求的区域积极采用可再生能源区域集中供冷供热系统，到 2025 年，新增可再生能源建筑应用面积 500 万 m²，在太阳能资源较丰富地区积极开展太阳能光伏、光热建筑应用，推动 16 个区县做好整县（区）屋顶分布式光伏开发试点，推广智能光伏应用，到 2025 年，新建公共机构建筑、新建厂房屋顶光伏覆盖率力争达到 50%。

4.1.2 《重庆市贯彻落实〈国务院办公厅关于转发国家发展改革委、住房城乡建设部加快推动建筑领域节能降碳工作方案的通知〉重点任务分工方案》

《重庆市贯彻落实〈国务院办公厅关于转发国家发展改革委、住房城乡建设部加快推动建筑领域节能降碳工作方案的通知〉重点任务分工方案》中同绿色建筑与节能改造相关的内容如下。

为深入贯彻落实《国务院办公厅关于转发国家发展改革委、住房城乡建设部加快推动建筑领域节能降碳工作方案的通知》（国办函〔2024〕20 号），按照市委、市政府有关要求，制定本分工方案。

1. 主要目标

到 2025 年，建筑领域节能降碳制度体系更加健全，城镇新建建筑全面执行绿色建筑标准，星级绿色建筑占比达到 30% 以上，新建超低能耗、近零能耗建筑面积比 2023 年增长 15 万 m^2 以上，既有建筑节能改造面积比 2023 年增长 200 万 m^2 以上，可再生能源建筑应用面积比 2023 年增长 200 万 m^2 以上，建筑用能中电力消费占比超过 55%，建筑领域节能降碳取得积极进展。

到 2027 年，超低能耗建筑实现规模化发展，既有建筑节能改造进一步推进，建筑用能结构更加优化，建成一批绿色低碳高品质建筑，建筑领域节能降碳取得显著成效。

2. 重点任务

1）推进城镇既有建筑改造升级

按照国务院以旧换新行动方案要求，全面开展城镇既有公共建筑摸底调查，建立建筑节能降碳改造数据库和项目储备库，以区县为单位制定年度改造计划。优化提升公共建筑节能改造技术路线，推动既有公共建筑更换热泵机组、散热器、冷水机组、外窗（幕墙）、外墙（屋顶）保温、照明设备等，未采取节能措施的公共建筑改造后实现整体能效提升 20% 以上。结合城市更新、小区公共环境整治、老旧小区改造等工作统筹推进既有居住建筑节能改造，节能改造部分的能效应达到现行标准规定。

2）强化建筑运行节能降碳管理

大力推广高效节能家电等设备，鼓励居民加快淘汰低效落后用能设备。建立公共建筑节能监管体系，推进公共建筑能耗监测和统计分析，科学制定能耗限额基准，明确高耗能高排放建筑改造要求，公示改造信息，加强社会监督。建立并严格执行公共建筑室内温度控制机制，聚焦公共机构办公和技术业务用房、国有企业办公用房、交通场站等公共建筑，依法开展建筑冬夏室内温度控制、用能设备和系统运行等情况检查，严肃查处违法用能行为。定期开展公共建筑空调、照明、电梯等重点用能设备调试保养，确保用能系统全工况低能耗、高能效运行。选取一批节能潜力大的公共机构开展能源费用托管服务试点。推动建筑数字化智能化运行管理平台建设，推广应用高效柔性智能调控技术。推动建筑群整体参与电力需求响应和调峰。

4.1.3　《关于做好 2023 年全市绿色建筑与节能工作的通知》

重庆市住房和城乡建设委员会于 2023 年 3 月发布《关于做好 2023 年全市绿色建筑与节能工作的通知》，内容如下。

各区县（自治县）住房城乡建委，两江新区、重庆高新区、重庆经开区、万盛经开区、双桥经开区建设局，有关单位：

为贯彻落实《关于推动城乡建设绿色发展的意见》（中办发〔2021〕37 号）和《关于完整准确全面贯彻新发展理念做好碳达峰碳中和工作的意见》（中发〔2021〕36 号）文件精神，稳步推进《关于推动城乡建设绿色发展的实施意见》（渝府办发〔2022〕79 号）、《重庆市城乡建设领域碳达峰实施方案》（渝建〔2023〕1 号）任务目标，推动实现重庆市城乡建设领域绿色低碳转型发展，对 2023 年全市绿色建筑与节能工作通知如下。

1．重点工作

1）大力发展绿色建筑

一是持续提高全市新建绿色建筑占比。2023年，主城都市区中心城区竣工阶段新建绿色建筑占新建建筑的比例不低于100%，其他区级行政单位占比不低于70%，县级行政单位占比不低于60%。二是推动星级绿色建筑规模化发展。自2023年4月1日起，增加主城都市区外其他区县范围内取得《项目可行性研究报告批复》的政府投资或以政府投资为主的新建公共建筑和取得《企业投资备案证》的社会投资建筑面积2万m²及以上的大型公共建筑应满足二星级及以上绿色建筑标准要求。各区县住房城乡建设主管部门应建立一星级绿色建筑标识管理制度，采取标识认定或政策强制等方式，推动辖区内星级绿色建筑规模化发展。2023年，各区县设计阶段新建民用建筑达到一星级及以上绿色建筑要求的比例不低于30%。三是推动绿色建筑与建筑产业化深度融合。2023年4月1日起主城都市区中心城区范围内通过施工图审查或因4月1日之后因设计变更等原因需重新开展方案设计或初步设计的装配式建筑（5层及5层以下居住建筑除外）应满足一星级及以上绿色建筑标准要求。

2）提升建筑能效水平

一是大力发展节能低碳建筑。发布《重庆市近零能耗建筑技术标准》，依托财政补助、绿色金融服务等激励政策，积极培育超低能耗建筑等试点示范。鼓励示范项目采用以设计为龙头的工程总承包或全过程工程咨询等工程建设组织模式，充分发挥工程设计的先导作用和创新能力，推动设计向运维阶段延伸。2023年，各区县培育超低能耗建筑示范项目不少于1个。二是推进既有公共建筑绿色化改造。充分应用合同能源管理等市场机制，引导节能服务公司对能耗水平高的医院、商场、酒店和机关办公楼等既有公共建筑开展节能诊断，对有改造潜力的公共建筑开展绿色化综合改造。2023年，各区县推动实施既有公共建筑绿色化改造项目不少于1个。

3）调整建筑用能结构

一是积极推动可再生能源建筑应用。严格落实单体建筑面积大于5万m²（含）的公共建筑可再生能源建筑应用要求。持续推动以浅层地热源热泵技术为主的可再生能源区域集中供冷供热项目建设。二是稳妥推进太阳能建筑一体化应用。在渝东南武陵山区城镇群、渝东北三峡库区城镇群太阳能资源较丰富地区积极开展太阳能光伏、光热建筑一体化应用，各区县住房城乡建设主管部门应加强与发改、规划、经信、机关事务等主管部门的协调联动，做好辖区内建筑太阳能应用建设过程监管和建设规模统计。

4）提升绿色建筑建设品质

一是加强绿色建筑技术创新。以装配式构配件、门窗等绿色建筑材料部件为重点，搭建BIM信息模型材料数据库并推动在设计、施工、验收全过程应用，实现各环节数据有效传递，进一步提升绿色低碳建筑实施质量。优化完善建筑门窗幕墙热工参数目录，制定标准化节能门窗标准和图集，保障建筑门窗幕墙工程实施质量。二是推进绿色低碳建材发展应用。依托绿色建材产品应用采信平台，严格落实绿色建材采信和应用比例核算制度，探索低碳建材认定推广机制，推进绿色低碳建材全过程信息化管理，促进低碳建材产业发展和工程应用。以推动墙体保温装饰一体化、楼面保温隔声一体化和节能门窗标准化为重点，积极培育发展绿色建筑地方支撑产业，保障绿色建筑高品质建设需求。

2. 管理要求

（1）各级住房城乡建设主管部门要深入贯彻落实城乡建设绿色发展实施意见和碳达峰实施方案要求，研究制定辖区内建设领域碳达峰目标任务，并积极协调发改、规划、财政、税务、金融等主管部门，建立保障措施，着力推动重点工作落实落细，落实情况将纳入年度考核内容。

（2）加强市区（县）两级工作联动，市住房城乡建委将不定期组织行业力量对区县开展专项技术帮扶，重点围绕政策制定、技术指导、项目推进等内容进一步提升区县工作实施质量。创新绿色建筑专项检查方式，对全市绿色建筑工程实施质量实施动态检查，对存在问题的相关单位及个人进行全市通报。

（3）各级住房城乡建设主管部门应进一步加强信息化系统应用，通过重庆市绿色建筑标识管理信息系统、重庆市绿色建材采信管理与应用平台，加强对绿色建筑标识认定、绿色建筑及示范项目的信息收集，规范绿色建筑专家库使用、专项论证信息管理、绿色建材应用比例核算等工作，提升绿色建筑与节能工作信息化管理水平。

（4）各级住房城乡建设主管部门应积极组织建设、设计、施工图审查、施工、监理、检测、材料生产等单位开展绿色建筑与节能相关专项培训和技术交流，同时积极开展广泛的以"城乡建设绿色发展"和"城乡建设领域碳达峰"为主题的群众性宣传活动，加强舆论监督，营造城乡建设领域绿色低碳转型的良好社会氛围。

4.1.4　《关于做好 2024 年全市绿色建筑与节能工作的通知》

重庆市住房和城乡建设委员会于 2024 年发布《关于做好 2024 年全市绿色建筑与节能工作的通知》，内容如下。

各区县（自治县）住房城乡建委，两江新区、重庆高新区建设局，万盛经开区住房城乡建设局、双桥经开区建设局、经开区生态环境建管局，有关单位：

为贯彻《加快推动建筑领域节能降碳工作方案》（国办函〔2024〕20 号）等文件精神，切实做好 2024 年全市绿色建筑与节能相关工作，推动我市城乡建设领域绿色低碳转型发展，现就有关事项通知如下。

1. 重点工作

1）加快推动新建建筑绿色低碳发展

一是强化标准体系建设。以优化新建建筑节能降碳设计标准为重点，通过自然采光和通风，采用高效节能低碳设备、提高建筑围护结构的保温隔热和防火性能等措施，加快开展《居住建筑节能 75%（绿色建筑）设计标准》《公共建筑节能 78%（绿色建筑）设计标准》等绿色低碳建筑系列标准及配套技术文件编制。二是扎实推进绿色建筑规模化发展。全市范围内继续严格落实公共建筑、超高层建筑执行高星级绿色建筑标准有关要求。各区县应积极开展技术帮扶，引导适宜项目开展星级绿色建筑申报。2024 年，全市星级绿色建筑占新建建筑面积的比例达 30%；主城都市区新建建筑全面达到绿色建筑要求，其他区县绿色建筑占新建建筑面积的比例不低于 90%。

2）着力促进建筑能效水平提升

一是推动超低能耗建筑试点示范。各区县应充分用好财政专项补助资金、绿色金融服务等激励政策，积极推动辖区内适宜项目开展超低能耗建筑试点示范。截至 2024 年底，各区县累计培育超低能耗建筑示范项目不少于 1 个。二是推进既有公共建筑绿色化改造。各区县应启动城镇既有公共建筑摸底调查，填报《既有公共建筑绿色低碳改造储备项目统计表》（详见附件）。后续应积极协调节能服务公司和改造项目业主加强工作对接，推动既有公共建筑绿色低碳改造，指导相关单位结合整体能效提升等改造目标要求，对改造项目外围护结构、门窗、电气照明、暖通空调等重点用能设备设施开展节能及绿色化改造。

3）深入推进建筑用能低碳转型

一是优化可再生能源建筑应用技术要求。结合重庆气候特点及现行技术标准，发布《重庆市可再生能源建筑应用技术要点》，丰富可再生能源建筑应用技术类型，进一步明确可再生能源建筑应用技术要求，促进建筑可再生能源规模化应用。二是加强太阳能系统实施质量管理。新建建筑项目应充分利用建筑屋顶、立面等适宜场地空间配置太阳能系统，坚持安全可靠、协调美观、经济适用的原则，与建筑工程同步设计、同步施工、同步验收。既有建筑增设或改造太阳能系统，必须进行建筑结构安全、电气安全复核，满足结构、防火、防雷等安全要求，不得降低安全、节能等性能，太阳能系统设计文件应由具备相应资质的设计单位编制。

4）切实抓好建筑品质提升

一是加强绿色建筑 BIM 技术应用。在现行 BIM 技术应用要求基础上，组织编制应用技术要点，构建 BIM 信息模型库，搭建智能辅助审查系统，建立绿色建筑 BIM 技术应用管理机制，推动建造方式转变。二是助推绿色低碳建材应用及技术创新。修订《重庆市建筑材料热物理指标取值管理办法》，进一步规范论证程序，不断丰富我市绿色低碳建筑材料种类，引导绿色低碳建筑支撑产业发展，保障高品质绿色低碳建筑规模化建设。三是推动绿色低碳建材规模化应用。严格落实绿色建材采信和应用比例核算制度，不断丰富绿色建材采信品类及数量，在施工图审查和建筑能效（绿色建筑）测评阶段重点核查绿色建材应用比例。确保到 2025 年，全市新建建筑中绿色建材应用比例达到 70%及以上。

2. 管理要求

（1）各级住房城乡建设主管部门应加快推动城乡建设领域节能降碳有关工作，结合实际抓好上述重点工作的落实，并对辖区内适宜项目进行摸底调查，建立绿色低碳建筑示范储备项目台账，确定工作推进时间表、路线图。

（2）各级住房城乡建设主管部门应进一步加强信息化系统应用，通过"重庆市绿色建筑标识管理信息系统""重庆市绿色建材采信管理与应用平台"，加强对绿色建筑标识认定、绿色建筑及示范项目的信息收集和专家库管理，严格落实绿色建筑与节能信息报送制度，提升绿色建筑与节能工作信息化管理水平。

（3）各级住房城乡建设主管部门应积极组织建设、设计、施工图审查、施工、监理、检测、材料生产等单位开展建筑领域节能降碳相关专项培训和技术交流，同时广泛开展以"城乡建设绿色发展"和"城乡建设领域碳达峰"为主题的群众性宣传活动，加强舆论监督，营造城乡建设领域绿色低碳转型的良好社会氛围。

4.1.5 《关于公布 2023 年第一批绿色低碳建筑示范项目的通知》

重庆市住房和城乡建设委员会于 2023 年 6 月发布《关于公布 2023 年第一批绿色低碳建筑示范项目的通知》，内容如下。

各区县（自治县）住房城乡建委，两江新区、重庆高新区、万盛经开区、经开区、双桥经开区建设局，有关单位：

根据《重庆市住房和城乡建设委员会　重庆市财政局关于印发〈重庆市绿色低碳建筑示范项目和资金管理办法〉的通知》（渝建绿建〔2022〕17 号）的有关规定，经相关单位申报，市住房城乡建委组织专家评审通过，现将重庆市彭水第一中学校绿色化改造示范项目等项目列入我市 2023 年第一批绿色低碳建筑示范项目实施计划并予以公布。

各区、县（自治县）住房城乡建设主管部门应强化对示范项目的安全和质量监管，加强对示范项目帮扶指导，高效推进示范项目建设。示范项目建设单位、各申报单位应严格按照管理办法要求，精心组织实施，严格落实项目质量安全责任，确保示范项目顺利建设。

附件：2023 年第一批绿色低碳建筑示范项目（表 4.1）。

表 4.1　2023 年第一批绿色低碳建筑示范项目

序号	项目名称	建筑类型	申报面积/(万 m²)	示范项目类型
1	重庆理工职业学院绿色化改造示范项目	文化教育	14.42	既有公共建筑绿色化改造示范项目
2	重庆市彭水第一中学校绿色化改造示范项目	文化教育	6.07	
3	重庆嘉峰物流有限公司绿色化改造示范项目	其他	8.85	
4	忠州大剧院绿色化改造示范项目	文化教育	5.06	
5	重庆市沙坪坝区区级机关合署办公大楼绿色化改造示范项目	办公建筑	3.14	
6	重庆渝富大厦绿色化改造示范项目	办公建筑	4.42	
7	重庆机电职业技术大学绿色化改造示范项目	文化教育	12.94	

4.1.6 《关于公布 2023 年第二批绿色低碳建筑示范项目的通知》

重庆市住房和城乡建设委员会于 2023 年 10 月发布《关于公布 2023 年第二批绿色低碳建筑示范项目的通知》，内容如下。

各区县（自治县）住房城乡建委，两江新区、重庆高新区建设局，万盛经开区住房城乡建设局、双桥经开区建设局、经开区生态环境建管局，有关单位：

根据《重庆市住房和城乡建设委员会　重庆市财政局关于印发〈重庆市绿色低碳建筑示范项目和资金管理办法〉的通知》（渝建绿建〔2022〕17 号）的有关规定，相关单位申报，市住房城乡建委组织专家经过评审予以通过。现将"双凤桥交通换乘枢纽绿色化改造示范项目"等 7 个示范项目列入我市 2023 年第二批绿色低碳建筑示范项目实施计划并予以公布。

各区县（自治县）住房城乡建设主管部门应强化对示范项目的安全和质量监管，加强对示范项目帮扶指导，高效推进示范项目建设。示范项目建设单位、各申报单位应严格按照管理办法要求，精心组织实施，严格落实项目质量安全责任，确保示范项目顺利建设。

附件：2023 年第二批绿色低碳建筑示范项目（表 4.2）。

表 4.2   2023 年第二批绿色低碳建筑示范项目

序号	项目名称	建筑类型	申报面积/(万 m²)	示范项目类型
1	双凤桥交通换乘枢纽绿色化改造示范项目	其他	5.33	
2	重庆市第七中学校绿色化改造示范项目	文化教育	6.00	
3	重庆市云阳职业教育中心绿色化改造示范项目	文化教育	11.17	
4	重庆警察学院绿色化改造示范项目	文化教育	7.00	既有公共建筑绿色化改造示范项目
5	重庆市武隆中学绿色化改造示范项目	文化教育	8.62	
6	重庆市未成年犯管教所绿色化改造示范项目	办公建筑	0.57	
7	重庆市潼南实验中学绿色化改造示范项目	文化教育	9.39	

4.1.7   《关于公布 2024 年第一批绿色低碳建筑示范项目的通知》

重庆市住房和城乡建设委员会于 2024 年 5 月发布《关于公布 2024 年第一批绿色低碳建筑示范项目的通知》，内容如下。

各区县（自治县）住房城乡建委，两江新区、重庆高新区建设局，万盛经开区住房城乡建设局、双桥经开区建设局、经开区生态环境建管局，各有关单位：

根据《重庆市住房和城乡建设委员会　重庆市财政局关于印发〈重庆市绿色低碳建筑示范项目和资金管理办法〉的通知》（渝建绿建〔2022〕17 号）的有关规定，经相关单位申报，市住房城乡建委组织专家评审通过，现将"重庆国际生物城配套公寓 7#楼"等 9 个示范项目列入我市 2024 年第一批绿色低碳建筑示范项目并予以公布。

各区、县（自治县）住房城乡建设主管部门应强化对示范项目的安全和质量监管，加强对示范项目帮扶指导，高效推进示范项目建设。示范项目建设单位、各申报单位应严格按照管理办法要求，精心组织实施，严格落实项目质量安全责任，确保示范项目顺利建设。

附件：2024 年第一批绿色低碳建筑示范项目（表 4.3）。

表 4.3　2024 年第一批绿色低碳建筑示范项目

序号	项目名称	申报单位	建筑类型	建筑面积/(万 m²)	示范项目类型
1	重庆国际生物城配套公寓 7#楼	重庆国际生物城开发投资有限公司	酒店建筑	2.31	近零能耗建筑示范项目
2	重庆市商务学校	重庆德宜高能源科技有限公司	文化教育	6.25	既有公共建筑绿色化改造示范项目
3	重庆市第九十五中初级中学校	重庆德宜高能源科技有限公司	文化教育	5.45	
4	重庆市永川区红旗小学	重庆德宜高能源科技有限公司	文化教育	5.49	
5	重庆市永川区凤凰湖中学校	重庆德宜高能源科技有限公司	文化教育	2.41	
6	城口县人民医院	重庆巨基科技有限公司	医疗卫生	4.35	
7	重庆科技馆	重庆科技馆	文化教育	4.84	
8	重庆（合川）义乌小商品批发市场	重庆渝庆泰节能科技有限公司	商场	15.83	
9	重庆市涪陵区职业教育中心	重庆渝庆泰节能科技有限公司	文化教育	7.52	

4.1.8　《关于下达 2023 年度勘察设计行业创新研究与能力建设项目和绿色建筑配套能力建设项目计划的通知》

重庆市住房和城乡建设委员会于 2023 年 7 月发布《关于下达 2023 年度勘察设计行业创新研究与能力建设项目和绿色建筑配套能力建设项目计划的通知》，内容如下。

各有关单位：

为提升勘察设计行业技术创新能力和加强绿色建筑领域的技术与管理机制创新，积极推进勘察设计行业和绿色建筑领域高质量发展，根据《关于征集 2023 年度勘察设计行业创新研究与能力建设项目和绿色建筑配套能力建设项目的通知》要求，经公开征集、单位申报、专家评审论证，结合工作实际需要，现下达 2023 年度勘察设计行业创新研究与能力建设项目和绿色建筑配套能力建设项目计划（详见附件），并将有关事项通知如下。

（1）各项目承担单位应统筹协调做好项目组织实施工作，在项目实施过程中，不得随意调减主要研究内容、考核指标等，确保按计划完成相应工作任务。

（2）为支持项目做好能力建设工作，我委对实施项目适当给予经费资助，各项目承担单位应加强对资助经费的管理和核算，专款专用，符合财政专项资金使用管理的相关规定和要求。

（3）我委将落实定期检查制度，对项目实施进度、质量及经费使用情况加强监督和检查，督促项目承担单位高质量地完成相应工作任务。

附件：2023 年度勘察设计行业创新研究与能力建设项目和绿色建筑配套能力建设项目计划（表 4.4）。

表 4.4 2023 年度勘察设计行业创新研究与能力建设项目和绿色建筑配套能力建设项目计划

序号	项目名称	牵头承担单位	资助经费/万元
1	建筑墙材、门窗、装配式构件 BIM 信息模型开发与应用	重庆市住房和城乡建设技术发展中心（重庆市建筑节能中心）	15
2	绿色建筑工程（门窗、"两板"类）信息模型交付技术要点研究	中机中联工程有限公司	15
3	绿色建筑 BIM 构件一致性检验关键技术研究	重庆市设计院有限公司	10
4	基于响应式自适应算法的建筑标准设计 BIM 应用成果编制方法研究	中机中联工程有限公司	10
5	BIM 正向设计技术在规划、建筑和景观专业中的衔接与协同应用研究	林同棪国际工程咨询（中国）有限公司	5
6	基于 BIM 技术的桥梁设计深化应用研究	林同棪国际工程咨询（中国）有限公司	10
7	重庆市绿色建筑立法基础研究	重庆市住房和城乡建设技术发展中心（重庆市建筑节能中心）	10
8	建筑门窗幕墙热工参数设计取值方法研究与应用	重庆市住房和城乡建设技术发展中心（重庆市建筑节能中心）	15
9	重庆市建筑低碳运行使用说明书编制方法研究	重庆市设计院有限公司	5
10	公共建筑能耗监测平台数据分析功能完善研究	重庆大学	8
11	建筑师负责制在全过程工程咨询领域的应用研究	重庆市设计院有限公司	5
12	设计师助力共创高品质生活社区行动理论创新研究	重庆市设计院有限公司	10
13	城市更新视角下重庆三线建设遗产的保护性开发与改造研究	重庆工商大学	5
14	重庆市市政工程管线综合设计文件编制技术规定和审查要点	重庆市市政设计研究院有限公司	5
15	山地建筑（重庆）超限高层建筑案例编制	中冶赛迪工程技术股份有限公司	10
16	基于山地特色无障碍环境建设示范城市技术研究	中煤科工重庆设计研究院（集团）有限公司	10
17	《重庆市室外排水工程设计文件编制技术规定》和《重庆市室外排水工程设计文件技术审查要点》	重庆市城镇排水事务中心	5
18	重庆市工程勘察全过程数字化制度研究	重庆市勘察设计协会工程勘察与岩土分会	5
19	基于 EPC 项目管理模式的 BIM 正向设计关键技术研究	重庆市设计院有限公司	15
20	透水路面品质提升的研究	中机中联工程有限公司/重庆市城市管线综合管理事务中心	10
21	山地城市桥梁排水系统关键技术研究	重庆市市政设计研究院有限公司	10
22	重庆市中心城区街道品质提升设计导则	林同棪国际工程咨询（中国）有限公司	5
23	山地城市软岩地基承载力确定方法优化及工程应用研究	重庆市地质矿产勘查开发集团检验检测有限公司	5
24	山地城市地质大数据集成共享与分析挖掘技术研究	重庆市勘测院	5
25	数字化技术在智慧建造管理中的研究与应用	中设工程咨询（重庆）股份有限公司	10
26	重庆市可再生能源建筑应用情况调研	重庆市市政设计研究院有限公司	5
27	绿色建筑工程质量保障体系研究	重庆建工第九建设有限公司	10

4.1.9　《重庆市绿色低碳建筑示范项目和资金管理办法》

重庆市住房和城乡建设委员会、重庆市财政局印发《重庆市绿色低碳建筑示范项目和资金管理办法》相关内容如下。

第一章　总　　则

第一条　为贯彻落实党中央、国务院关于城乡建设绿色发展和碳达峰、碳中和的重要决策部署，推进我市建筑高质量发展，规范示范项目认定流程和补助资金管理，发挥示范项目在我市的引领和示范作用，促进建设领域低碳发展，根据《关于完整准确全面贯彻新发展理念做好碳达峰碳中和工作的意见》(中发〔2021〕36 号)、《关于推动城乡建设绿色发展的意见》(中办发〔2021〕37 号)、《重庆市建筑节能条例》等文件要求，结合我市实际，制定本办法。

第二条　本办法所称：绿色低碳建筑示范项目包含绿色建筑示范项目、近零能耗建筑示范项目、可再生能源区域集中供冷供热示范项目及既有公共建筑绿色化改造示范项目四类。

"绿色建筑示范项目"，是指本市行政区域范围内取得绿色建筑标识并获得全国绿色建筑创新奖的项目。

"近零能耗建筑示范项目"，是指满足国家和我市现行标准有关要求，并列入我市近零能耗建筑示范实施计划的建设工程项目，包含超低能耗建筑、近零能耗建筑、零能耗建筑。

"可再生能源区域集中供冷供热示范项目"，是指在供冷量大于 10MW 或供暖空调建筑面积大于 10 万 m^2 的集中供冷供热建筑中利用水源热泵技术(以长江、嘉陵江、乌江、市内其他河流、湖泊、水库、污水等水体作为冷热源)进行供冷供热以及提供生活热水、利用土壤源热泵技术进行供冷供热以及提供生活热水，并列入我市可再生能源区域集中供冷供热示范实施计划的建设工程项目。

"既有公共建筑绿色化改造示范项目"，是指列入我市既有公共建筑绿色化改造示范实施计划，改造后实现单位建筑面积碳减排率达到 15%及以上目标的项目。

本办法所称"专项补助资金"，是指市级财政安排专项用于支持绿色低碳建筑示范项目的财政补助资金。

第三条　市住房城乡建委、市财政局负责对申请补助资金的示范项目进行统筹指导和监督管理。

市住房城乡建委、市财政局委托市建筑节能中心开展绿色低碳示范项目和资金申报资料审核、资料归档和统计、配合监督检查及技术指导等日常管理工作。

市住房城乡建委、市财政局委托绿色化改造效果核定机构对既有公共建筑绿色化改造示范项目开展资料审查、现场查勘、性能测试以及计算分析等核定工作。

第二章　示范项目申报和组织实施

第一节　绿色建筑示范项目

第四条　申报绿色建筑示范的项目，在获得全国绿色建筑创新奖一年内，由建设单位或业主单位向市住房城乡建设委提出绿色建筑示范项目申请。

第五条　符合申请条件的项目申报绿色建筑示范项目时，应按照附件 1 提供相关申报材料，由市建筑节能中心进行核查并出具专项补助资金审查意见，市住房城乡建委会同财政局审核后按相关规定将专项补助资金一次性拨付给示范项目申报单位。

第二节　近零能耗建筑示范项目

第六条　申报近零能耗建筑示范的项目，应为本市行政区域内新建、改建、扩建的公共建筑或居住建筑，建筑面积不小于2000m²，由建设单位或业主单位向市住房城乡建设委提出申请。

第七条　申报示范项目时应按照附件 2 提交相关申报材料，市住房城乡建委组织专家对申报的示范项目进行评审，评审通过后，列入我市近零能耗建筑示范项目实施计划，并予以公布。

第八条　项目竣工验收合格后，由申报单位根据附件 2 提交验收评估申请材料，市住房城乡建委组织专家对示范项目进行验收评估，并出具验收评估报告。

第九条　出具验收评估报告后，申报单位按照附件 2 提交专项资金补助申报资料，市建筑节能中心对示范面积进行核查并出具专项补助资金审查意见，市住房城乡建委会同财政局审核后按相关规定将专项补助资金一次性拨付给示范项目申报单位。

第三节　可再生能源区域集中供冷供热示范项目

第十条　申报可再生能源区域集中供冷供热示范的项目，申报单位应为建设单位或能源服务公司。

第十一条　申报示范项目时，应根据附件 3 提交相关申报资料，市住房城乡建委组织专家进行专项技术审查，审查通过后列入我市可再生能源区域集中供冷供热示范项目实施计划，并予以公布。

第十二条　示范项目工程竣工验收合格后，由申报单位按照附件 3 提交相关验收资料，经市建筑节能中心审查合格后组织专家对示范项目进行验收评估，并出具验收报告。

第十三条　出具验收报告后，申报单位按照附件 3 提交专项补助资金申报资料，由市建筑节能中心对机组额定制冷量进行核查并出具专项补助资金审查意见，市住房城乡建委会同财政局审核后按相关规定将专项补助资金一次性拨付给示范项目申报单位。

第四节　既有公共建筑绿色化改造示范项目

第十四条　申报既有公共建筑绿色化改造示范的项目，申报单位应为示范项目的所有权人（或其授权委托的使用权人）或改造服务公司。

第十五条　申报既有公共建筑绿色化改造示范项目应具备下列条件：

（一）应为办公、商场、宾馆饭店、医疗卫生和文化教育等公共建筑。实施改造的建筑面积原则上不少于 5000m²。

（二）应对建筑的暖通空调系统、电气照明系统、节水与水资源利用、室内外环境、可再生能源系统、环境友好性及绿色施工等进行绿色化改造。具备条件的，还鼓励对其围护结构进行绿色化改造（如门窗性能提升等）。

（三）采用合同能源管理模式实施的项目，建筑物所有权人（或其授权委托的使用权人）应与改造服务公司签订合同能源管理合同。

第十六条　申报既有公共建筑绿色化改造示范项目时，应根据附件 4 要求提交相关申报资料。受市住房城乡建委委托的绿色化改造效果核定机构对基础数据进行现场核查后，出具核查意见。市住房城乡建委组织专家对申报项目进行评审。评审通过后，列入我市公共建筑绿色化改造示范项目实施计划，并予以公布。

第十七条　示范项目完工后，由申报单位组织参建各方主体在区、县（自治县）住房城乡建设主管部门监督下进行工程验收。工程验收合格后，申报单位向市住房城乡建委申请既有公共建筑绿色化改造面积和碳减排率审核，绿色化改造效果核定机构按《重庆市既有公共建筑绿色化改造效果核定办法》对绿色化改造面积和碳减排率进行核定，并出具核定意见书。

第十八条　出具核定意见书后，申报单位可按照附件 4 要求提供专项补助资金申报材料，由市建筑节能中心对申请资料进行核查并出具专项补助资金审查意见，市住房城乡建委会同财政局审核后按相关规定将专项补助资金一次性拨付给示范项目申报单位。

第五节　其 他 要 求

第十九条　绿色低碳建筑示范项目还应符合下列相关要求：

（一）示范项目应严格履行基本建设程序，按照有关规定依法办理相关审批手续；

（二）示范项目应设置能耗监测系统，监测系统应与示范项目同步设计、同步施工、同步验收、同步投入使用，示范项目建成后应进行连续性监测；

（三）示范项目应积极参与科技推广，并根据市住房城乡建委需要积极配合重大科研项目开展相关研究示范；

（四）示范项目建设单位应积极配合市住房城乡建委开展宣传交流，扩大示范效果。

第二十条　示范项目实施过程中专项施工图设计文件有重大变更的，按我市建筑施工图设计变更管理有关规定执行，并按照示范项目申报要求重新申请评审。

第二十一条　申报单位应在示范项目通过专项技术审查后于每季度末向市建筑节能中心和所在区、县（自治县）住房城乡主管部门报送当季度项目进展情况。

市建筑节能中心应建立示范项目工程建设档案，加强对示范项目进度和质量的检查，于每季度初书面统计上季度示范项目实施情况及日常管理工作情况并上报市住房城乡建委。

第二十二条　评审专家组由建筑、暖通、电气、给排水、经济等专业专家组成，数量为 5～9 名。评审专家实施回避制度，凡参与申报项目设计、咨询或其他关联工作的，不得参加项目评审工作。

第二十三条　首次验收未通过的示范项目，应在半年内完成整改，并重新组织评审。评审仍未通过的，取消示范资格并不得再次申报。

第三章　专项补助资金标准

第二十四条　对绿色建筑示范项目给予财政补助。对获得全国绿色建筑创新奖一等奖、二等奖、三等奖的绿色建筑项目按照建筑面积分别给予 60 元/m²、40 元/m²、20 元/m² 的补助资金。单个示范项目补助资金总额，分别不得超过 400 万元、200 万元、100 万元。

第二十五条　对近零能耗建筑示范项目给予财政补助。对申请补助的零能耗建筑、近零能耗建筑、超低能耗建筑示范项目按示范面积分别给予 200 元/m²、120 元/m²、80 元/m² 的补助资金。单个示范项目补助资金总额，分别不得超过 400 万元、240 万元、160 万元。

第二十六条　对可再生能源区域集中供冷供热示范项目给予财政补助。区域集中供冷供热项目（供冷量大于 10MW 或供能能力≥10 万 m²）按照机组额定制冷量进行补贴，补助标准为 150 元/kW，对同一个示范项目（含分期建设的多个能源站）补助资金总额不得超过 1500 万元。

第二十七条　对既有公共建筑绿色化改造示范项目给予财政补助。示范项目补助资金按照绿色化改造效果核定机构核定的改造面积和碳减排率进行核算，对碳减排率达到 25%（含）以上的改造项目按示范面积给予 25 元/m² 的补助资金，碳减排率达到 15%（含）至 25% 的改造项目按示范面积给予 15 元/m² 的补助资金。

第二十八条　示范项目专项补助资金采取总额控制，对于同一类示范项目，优先补助节能减碳效益更高，示范效应更好的项目，补助资金总额度用完后，对验收合格项目不再补助。

第二十九条　列入实施计划的示范项目，可按我市绿色金融服务申报相关要求向金融机构申请一系列用于示范项目设计、建造、改造和消费等全生命周期的差别化金融服务。

第四章　监　督　管　理

第三十条　示范项目建设单位是示范项目工程质量的第一责任单位，对示范工程质量全面负责，严格督促诊断、设计、施工等单位落实项目质量安全责任，确保示范项目顺利建设。

第三十一条　区、县（自治县）住房城乡建设主管部门应强化对示范项目的安全和质量监管；同时应结合示范项目实际，加大支持力度，开辟绿色通道，简化办事流程，高效推动示范项目建设。

第三十二条　市住房城乡建委将组织对示范项目的实施、运行情况进行不定期监督检查，对于示范项目实施过程中出现质量问题的单位，市住房城乡建委将按相关规定进行处理。

第三十三条　列入实施计划的示范项目，有下列情况之一的，取消其示范资格，不予拨付财政补助资金，对已拨付财政补助资金予以追回，并依法进行处理：

（一）未按备案的施工图专项设计文件实施，擅自作出重大工程变更的；

（二）未按规定程序和要求组织实施的；

（三）未通过工程验收且拒不整改或未按要求限期整改的；

（四）拒不配合宣传交流的；

（五）提供虚假资料，骗取财政补助资金的；

（六）不符合国家和我市相关强制性规定的。

第三十四条　有关工作人员滥用职权或者徇私舞弊的，由其所在单位或者行政监察部门依法给予行政处分；构成犯罪的，依法追究刑事责任。

第五章　附　　则

第三十五条　本办法由市住房城乡建委、市财政局负责解释。

第三十六条　本办法自发布之日起实施，有效期 5 年。

附件：

1. 绿色建筑示范项目和专项补助资金申报资料目录
2. 重庆市近零能耗建筑示范项目和专项补助资金申报资料目录
3. 重庆市可再生能源区域集中供冷供热示范项目和专项补助资金申报资料目录
4. 既有公共建筑绿色化改造示范项目和专项补助资金申报资料目录
5. 重庆市绿色低碳建筑示范项目补助资金申请书
6. 财政专项资金项目申报信用承诺书

4.2　重庆市既有公共建筑节能改造工作总结

4.2.1　重庆市既有公共建筑节能改造情况概述

1. 节能改造工作

2011 年，重庆市被确定为四个试点开展公共建筑节能改造的重点城市。根据《财政部、住房和城乡建设部关于进一步推进公共建筑节能工作的通知》（财建〔2011〕207 号）、《关于印发〈重庆市公共建筑节能改造重点城市示范项目管理暂行办法〉的通知》（渝建发〔2012〕111 号），重庆市住房和城乡建设委员会组织开展了申报公共建筑节能改造重点城市示范项目，并对改造项目给予财政资金补贴，充分发挥节能服务公司在节能改造市场中的主体作用，推动合同能源管理模式在节能改造领域中的应用，确保示范项目的质量安全和改造实施效果。经过为期三年的节能改造工作，示范项目于 2016 年 6 月通过国家验收并获得住房和城乡建设部的高度评价。

随后，重庆市再次被列为第二批公共建筑节能改造示范城市，并提前一年于 2017 年 12 月完成了 350 万 m^2 的既有公共建筑节能改造示范项目，通过了第二批国家公共建筑节能改造重点城市验收。第二批节能改造以能耗水平高、改造效益明显、与公众利益息息相关的学校、医院、商场和机关办公建筑为重点，打造了陆军军医大学、西南医院、重庆市中医院、重百新世纪百货、重庆市公安局办公大楼等一批典型节能改造示范工程，引导社会资金投入近 8 亿元。

"十三五"期间，重庆市共完成公共建筑节能改造 679 万 m^2，实现改造项目单位面积能耗下降 20%以上的目标，且显著改善了建筑室内环境品质，使用单位满意率达 98%以上。

截至 2021 年末，重庆市累计完成公共建筑节能改造 1295 万 m^2，已完成的示范项目整体节能率达到 22% 以上，每年可节电 2.08 亿 kW·h，减排二氧化碳 21 万 t，节约能源费用 1.7 亿元。

2. 绿色化改造工作

2017 年开始，我国相继颁布了一系列法律法规、政策文件及相关标准推广既有公共建筑绿色化改造。重庆市在《2018 年城乡建设领域生态优先绿色发展工作要点》等相关文件或通知中明确提出，实施既有公共建筑绿色化改造工程，组织开展公共建筑绿色化改造技术路线研究，完善公共建筑绿色化改造技术标准体系，满足人民日益增长的美好生活需要。

根据《重庆市住房和城乡建设委员会关于做好 2024 年全市绿色建筑与节能工作的通知》（渝建绿建〔2024〕5 号），重庆市着力促进建筑能效水平提升，推进既有公共建筑绿色化改造。各区县应启动城镇既有公共建筑摸底调查，填报《既有公共建筑绿色低碳改造储备项目统计表》。后续应积极协调节能服务公司和改造项目业主加强工作对接，推动既有公共建筑绿色低碳改造，指导相关单位结合整体能效提升等改造目标要求，对改造项目外围护结构、门窗、电气照明、暖通空调等重点用能设备设施开展节能及绿色化改造。

节能改造工作关注的重点是减少建筑终端能源消耗量；而绿色改造涉及范围更广，内涵更深，在"双碳"背景下，既有建筑绿色改造将呈现出减源增汇新趋势，随着绿色建筑普及和绿色改造技术发展，建筑电气化、终端建筑零碳化、能源可再生化、改造成本低碳化将成为既有建筑绿色化改造的显著特征。

未来，重庆市住房和城乡建设委员将通过合同能源管理模式或能源托管模式，持续推动全市既有公共建筑实施绿色化改造，依托城市更新推动既有居住建筑采取节能及绿色化改造技术措施，形成适宜的节能改造技术及产品应用体系，并建立健全针对节能改造的多元化融资支持政策及融资模式，建立可比对的面向社会的公共建筑用能公示制度。力争"十四五"期间新增公共建筑绿色化改造 500 万 m²，进一步解决大型公共建筑能耗水平高、增长势头猛、能效提升缓慢等问题，充分挖掘公共建筑节能潜力。

4.2.2 重庆市既有公共建筑节能改造"十四五"规划

重庆市住房和城乡建设委员会印发的《重庆市绿色建筑"十四五"规划（2021—2025 年）》从三个方面对既有公共建筑提出要求。

1. 改造方向

以商场、医院、学校、酒店和机关办公建筑为重点，推动既有公共建筑由单一型的节能改造向综合型的绿色化改造转变，探索利用绿色金融及其他多元化融资支持政策推动公共建筑绿色化改造的市场化机制。

2. 改造目标

"十四五"期间，重庆市既有建筑绿色化改造面积新增 500 万 m²，其中，主城都市区完成 400 万 m²，渝东北三峡库区城镇群完成 75 万 m²，渝东南武陵山区城镇群完成 25 万 m²。

3. 改造技术应用

推广使用高效的节能照明光源，合理使用电气智能化控制技术，提高建筑机电设备的运行管理水平。鼓励使用建筑绿化、边坡垂直绿化及可再生能源技术，建筑绿色化改造效果以减碳量核算。

4.2.3　重庆市既有公共建筑节能改造资金管理

1. 总则

为贯彻落实党中央、国务院关于城乡建设绿色发展和碳达峰、碳中和的重要决策部署，推进重庆市建筑高质量发展，规范示范项目认定流程和补助资金管理，发挥示范项目在重庆市的引领和示范作用，促进建设领域低碳发展，根据《中共中央 国务院关于完整准确全面贯彻新发展理念做好碳达峰碳中和工作的意见》（中发〔2021〕36 号）、《关于推动城乡建设绿色发展的意见》（中办发〔2021〕37 号）等文件精神，结合重庆市实际，制定了《重庆市绿色低碳建筑示范项目和资金管理办法》（渝建绿建〔2022〕17 号）。

2. 适用对象

申报既有公共建筑绿色化改造的示范项目，为实施改造的建筑面积不少于 5000m² 且根据《重庆市既有公共建筑绿色化改造效果核定办法》核定，改造后实现单位建筑面积碳减排率达到 15% 及以上目标的项目。

3. 补贴标准

对申请补助的既有公共建筑绿色化改造示范项目，按照绿色化改造效果核定机构核定的改造面积和碳减排率进行核算，对碳减排率达到 25%（含）以上的改造项目按示范面积给予 25 元/m² 的补助资金，碳减排率达到 15%（含）至 25% 的改造项目按示范面积给予 15 元/m² 的补助资金。

4.3　重庆市既有公共建筑节能改造技术分析

重庆市作为全国首批和第二批公共建筑节能改造示范城市，节能改造效益明显。为了进一步推动全市的绿色发展，重庆市在《2018 年城乡建设领域生态优先绿色发展工作要点》明确提出，要在既有公共建筑节能改造的基础上逐步推行绿色化改造，实施既有公共建筑绿色化改造工程，组织开展公共建筑绿色化改造技术路线研究，完善公共建筑绿色化改造技术标准体系。下面将对重庆市公共建筑节能改造技术进行梳理，结合重庆市部分已完成的节能改造项目，对各项目的节能改造技术及节能改造效果进行统计及分析，并对比节能改造和绿色化改造项目的异同。

4.3.1　重庆市既有公共建筑特点

1. 属性特点

1）规划设计固定

既有公共建筑的建筑规划设计已固定不变，如建筑选址、建筑布局、建筑型体、建筑朝向、窗墙面积比，而这些因素是影响建筑能耗的先天因素，对建筑能耗有较大影响。

建筑的选址和建筑布局决定了建筑的微气候，良好的建筑选址和布局可以建立气候防护单元，形成有利的节能区域空间，从而减小季风或恶劣天气的干扰、组织内部气流，改善建筑的日照和风环境。建筑的体型、朝向及窗墙面积比则直接影响建筑单体的节能效果，单纯从节能角度来讲，窗墙面积比和体形系数越小越好，有研究表明建筑物的体形系数每增加 0.01，耗热量指标会增加 2.5%，但是窗墙面积比过于小会影响窗户的正常采光、通风。

2）围护结构热工性能差

建筑围护结构热工性能主要体现在外墙、门窗、屋面的保温隔热性能。重庆地区 20 世纪 90 年代及更早时间建造的公共建筑，其围护结构热工性能非常差，建筑外墙多数采用黏土砖墙，屋面基本未采取保温措施。大部分建筑安装的是普通单层玻璃，窗户和玻璃幕墙传热系数普遍偏大，空气渗透严重，也未采取任何的建筑遮阳措施，围护结构传热系数至少是同纬度先进节能技术国家的 3 倍。

3）设备能效低

既有公共建筑设备陈旧，空调等设备利用率较低，基本以消耗电能来采暖和制冷。以建筑年能耗密度为例，重庆十幢既有商场建筑的年能耗密度远高于夏热冬冷地区商场建筑能耗密度的推荐范围 $[200\sim300\mathrm{kW\cdot h/(m^2\cdot a)}]$。

2. 能耗特点

重庆市同类型公共建筑的能耗差异水平很大，其中同类型建筑单位面积年能耗最大值与最小值的差异最为明显。重庆市各类公共建筑的四大分项用电中，照明插座及空调用电是各建筑的主要用电。其中部分建筑的照明插座用电占了总用电的 50% 左右，有的甚至超过 50%；空调用电则是继照明插座用电的第二大项用电，且随着南方冬季采暖需求的增加，空调用电的比例会越来越高。

4.3.2　主要节能改造技术

重庆市节能改造技术路线以用能系统改造为主，下面对改造示范项目所采用的节能技术进行统计分析。主要改造内容包括照明插座系统、暖通空调系统、供配电系统、给排水系统、可再生能源系统、动力系统、特殊用能系统、能耗监测系统及围护结构等。

1. 照明插座系统节能改造

1）更换节能灯具

在既有公共建筑的照明使用中，大部分建筑的照明功率密度远远超出节能标准的要求，该项能源浪费严重。在照明节能改造中，采用最多的方式是：在保证照度等条件下，直接用小功率的 LED 灯具替换原有的大功率灯具。

2）优化照明控制策略

（1）定时开关控制，常用于室外环境照明、公共区域照明。

（2）人员感应控制，常用于小型会议室、大开间办公室区域。

（3）室外光照度控制，常用于广场照明、室内大开间办公室、多功能厅的减光等。

（4）多种模式下的场景控制，常用于多功能厅、大会议室、外立面照明等。

（5）红外感应开关，常用于卫生间、楼梯间等。

3）充分利用自然光

利用自然光在公共建筑节能改造设计中扮演着至关重要的角色。充分利用自然光不仅可以提供优良的光环境，提升室内空间的质量，更有助于实现公共建筑节能改造的减排目标。

公共建筑节能改造对自然光的利用主要体现在降低建筑人工照明能耗和改善室内环境等两方面。

（1）降低人工照明能耗。通过合理的建筑设计和采光技术，如使用棱镜组的多次反射、设置光导管、采用中庭设计等方式，可以有效地将自然光引入建筑内部，减少建筑对人工照明的依赖，从而节省电力消耗。

（2）改善室内环境。相较于人工照明，自然光更自然、柔和且光谱连续，对人眼和皮肤都有益。同时，自然光的照度和色温会随着时间和季节的变化而变化，这种动态变化有助于调节人体的生物钟，促进人的生理和心理健康。

4）更换节能插座

传统的电源插座在没有电器连接时，仍然会有待机能耗，长期累积造成的能源浪费不可忽视。节能插座配备了智能感应器，当检测到电器长时间未使用时，会自动切断电源，有效减少待机功率消耗。

2. 暖通空调系统节能改造

1）集中式空调

公共建筑在进行集中式空调系统节能改造时，首先应充分挖掘现有设备的节能潜力，在满足需求的前提下，尽量通过少量的投入来提高系统能效；当此举无法满足需求时，再考虑更换设备。集中式空调系统常用的改造技术主要有以下几方面。

（1）制冷机组（热泵机组）的节能优化运行改造

①尽量多运行最高效率的制冷机组（热泵机组）

当制冷系统有多台不同型号的制冷机组（热泵机组）时，应该尽量在一定的负荷率下多运行此时效率最高的机组。

②提高冷冻水供水温度

提高冷冻水的供水温度可以降低冷水机组的能耗。供水温度按照冷负荷或室外温度进行重新设定，可以采取建筑设备自动化系统（building automation system，BAS）来控制供水温度重置值，也可以根据每日的最高温度，手动重设定每天的供水温度。

③优化制冷机的分阶段调节策略

首先需要测量和了解各制冷机的高效负荷率区间，优先开启效率高的制冷机，并通过调整制冷机的开启台数，使每台制冷机（热泵机组）尽量在高效区内运行，如旁通阀不能关闭时，单台制冷机（热泵机组）的负荷率应控制在 50%以上，否则开启过多的制冷机（热泵机组）会使一次泵的能耗增加，甚至超过制冷机（热泵机组）的节能量。

④对机组进行维护及保养

压缩机的运行磨损、管路的脏堵、易损件的损坏、制冷剂的泄漏、换热器表面的结垢及电气系统的损耗等都会导致机组运行效率降低。而不注意设备的日常维护保养是机组效率衰减的主要原因，故定期检查机组运行情况，至少每年进行一次保养，使机组在最佳状态下运行。

（2）输配系统的节能改造

空调输配系统主要包括冷冻水（热水系统）、冷却水系统及风系统，主要耗能设备包括冷冻（热水水泵）、冷却水泵、冷却塔风机及空调末端风机等，以上设备与主机构成了空调系统的主要耗能设备。

目前，空调输配系统运行主要存在的节能问题有：设计选型偏大，水泵长期低效率运行，水泵能耗浪费严重；大部分建筑空调水系统及风系统仍然采用传统的定流量运行模式，致使非满负荷工况下水泵、风机等设备长期满荷载运行，造成能耗浪费且缩短设备寿命；少数建筑空调水系统误用二级泵系统，导致运行能耗较高；水力失调问题等。

空调输配系统的节能改造技术有如下几种。

①更换设备

对于选型偏大、长期低效率运行的水泵/风机，变频改造已无法实现节能目的时，一般采取更换水泵/风机或切削水泵/风机的叶轮来实现节能改造。

②水泵（风机）变频改造

对于空调系统长期在非满负荷工况下运行的定流量系统，宜对水泵（风机）进行变频改造，使水泵（风机）的运行荷载与负荷的变化一致，达到水泵（风机）节能运行的目的。

③一二级泵系统改造

对于阻力较高、系统较大、压力损失相差较大或各环路负荷特性差异较大的一级泵系统，在确保存在较大的节能潜力和经济性的前提下，宜将其改造为二级泵变流量系统。

从原理上分析，采用二级泵不仅可以使末端的水量随负荷的变化而变化，而且可以使冷水机组安全高效地运行。但诊断重庆市众多节能改造项目后发现，二级泵系统在运行中存在很多问题，难以达到节能目的，若通过论证发现一级泵系统更节能，则需要将选用的不合理的二级泵水系统改造为一级泵水系统。

④水力平衡法

空调大部分水输配环路存在水力失调问题，为缓解水力不平衡现象，运行人员往往采用大流量、小温差的运行方式，但此举降低了水输送能效，造成能源浪费。

对于变流量输配系统的水力失调问题，不仅要解决静态水力失调问题，还需要解决动态水力失调问题。解决后者，需要在系统中安装压差控制阀，且宜安装在系统回水管路，并与静态平衡阀配合使用。

而解决定流量输配系统的水力失调问题则较为简单，可采用静态平衡阀。静态平衡阀应分级设置，即总管、干管、立管、支管上均应设置。

⑤排风热回收

空调系统进行能量消耗时，同时存在排热和需热两种处理过程。冬季时高温高湿的排风可以对新风进行加热和加湿，夏季时低湿低温的排风可以对新风进行干燥和冷却。因此，空调系统能够通过排风热回收装置充分有效地利用能源。排风热回收装置原理如图 4.1 所示。

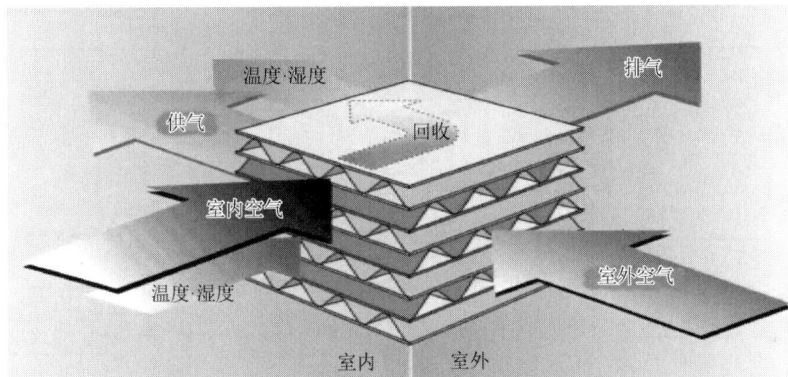

图 4.1　排风热回收装置原理图

排风热回收装置有转轮式、板翅式、溶液吸收式、中间热媒式、热管式等多种类型。由于排风热回收装置往往需要额外耗能，在选用时应计算节能经济效果。

⑥新风运行控制优化

空调系统处理新风会消耗额外的能量，为了尽可能降低耗能，应合理控制最小新风比，如安装二氧化碳传感器，测量回风的二氧化碳浓度，控制新风电动阀开度，使新风量按需供应。

（3）风冷式冷水机组冷凝器降温改造

在风冷式冷水机组室外冷凝器通风效果不畅的情况下，为了提高空调机组的运行效率，可以在室外机组上增加软化水喷淋辅助降温装置。冷凝器喷淋辅助装置原理图如图 4.2 所示，装置部件包括软化水处理装置和微雾冷却节能主机。

（4）冷却塔供冷技术

冷却塔供冷是利用外界环境空气对冷却水进行蒸发冷却，即在常规空调水系统基础上增设部分管路和设备，当室外干、湿球温度低于某个值时，可以关闭制冷机组、直接

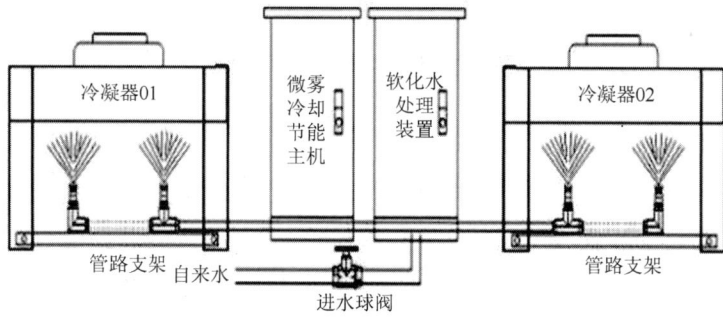

图 4.2 冷凝器喷淋辅助装置原理图

减少电耗，充分利用天然冷源，以流经冷却塔的循环冷却水直接或间接向空调系统供冷，提供建筑空调所需的冷负荷。两种不同形式的冷却塔供冷系统原理图如图 4.3 和图 4.4 所示。

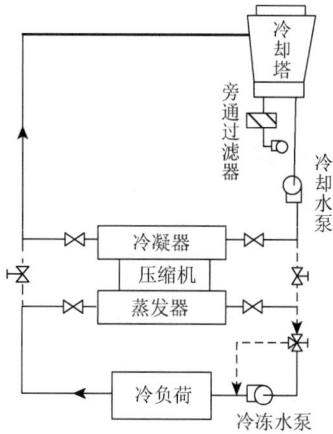

图 4.3 冷却塔直接供冷系统原理图

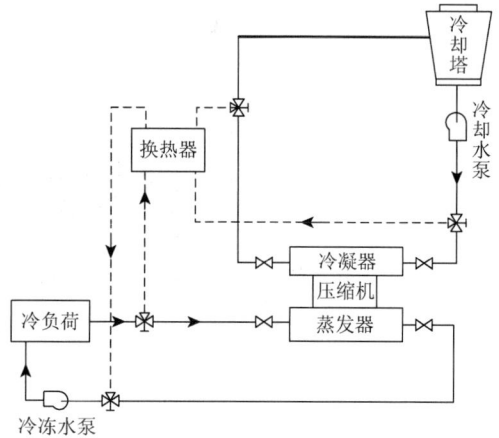

图 4.4 冷却塔间接供冷系统原理图

（5）锅炉设备的改造与运行优化

锅炉设备的改造与运行优化主要包含：①降低供水温度和供汽压力；②优化空气侧运行；③优化锅炉的分段调节。

2）分体式空调

分体式空调的节能改造技术较为简单，主要有以下 4 种。

（1）更换低能效设备

对能效低且已不满足节能要求的旧空调直接进行替换，换成能效较高的分体式空调。

（2）采用节能控制装置

对分体式空调加装节能控制装置，如温控装置或节能插座。

（3）远程调控技术

该技术通过对各种运行数据的监测、传送与分析处理，使分体式空调的控制变得集中化、网络化，进而进行智能控制和精确控温，既可实现分体式空调系统的精细化管理，又能有效杜绝空调的不合理使用，从而在保障室内舒适度的同时实现节能。智能远程分体式空调调控原理图如图 4.5 所示。

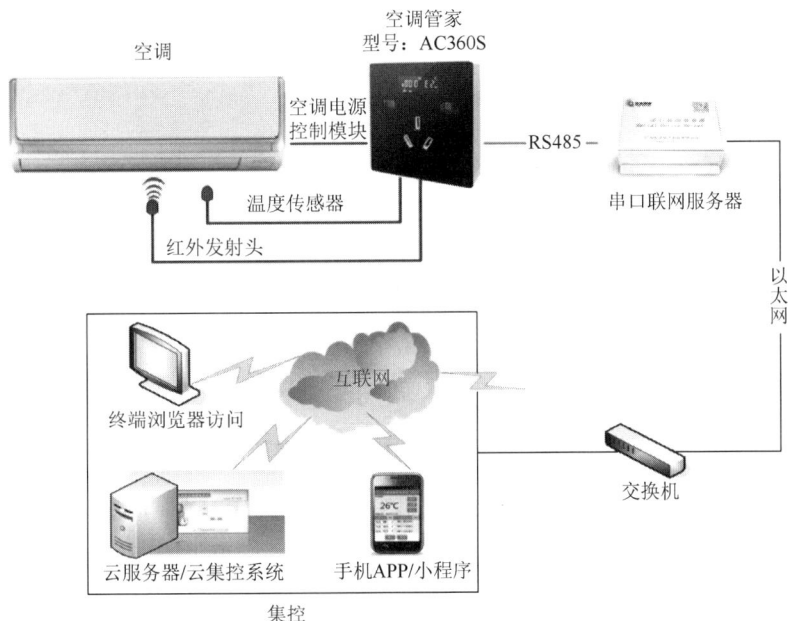

图 4.5　智能远程分体式空调调控原理图

（4）利用冷凝水给室外机降温

由于分体式空调基本上采用大温差、机器露点送风，当送风温度低于新风和回风混合点对应的露点温度时，就会产生冷凝水。目前，对空调冷凝水的常规处理方法是直接排放至室外。该处理一方面会产生环境问题；另一方面，从能量利用的角度来说，大量排出处于露点温度附近的冷凝水而未回用，造成了能量的浪费。

回收空调冷凝水可直接采用水雾喷洒的方式，对空调室外机的冷凝器进行降温。水雾在空调外机周围的空气中或是设备外围吸热汽化，会带走空气中的热量，从而降低设备周围和环境的空气温度，起到调节设备运行工况、降低冷凝器压力、提高冷凝器换热能力的作用。

3. 供配电系统节能改造

变压器在运行过程中存在电能浪费的现象，也额外给配电网运行带来了风险。因此，对变压器采取相应的节能降耗措施十分重要。供配电系统的能耗影响因素主要包括三相不平衡度、功率因数、谐波及电压偏差等。

变压器节能降耗的主要措施有：选择适当的自动电压调节器，保证输出电压恒定；保持配电变压器三相负载的实时平衡；增设无功补偿装置，提高变压器的负载功率。此外，为了实现能耗的实际监测计量与分析，应当对既有公共建筑增设能源资源分类分项计量系统，通过在线传输等方式获取建筑电力及其他能源资源数据，从而对建筑的能耗量进行动态诊断与分析，提高建筑能源管理水平。

4. 给排水系统节能改造

给排水系统节能改造技术通常包括采取减少超压出流、使用节水器具与设备、热水系统节能改造及非传统水源利用技术等。

超压出流是指因给水配件前的压力过高，使其流量大于额定流量。为减少这种"隐形"的水资源浪费，在建筑进户管处和水表前装设减压阀、调压孔板或节流塞实施减压，减少超压出流。

热水系统节能改造是通过选择合适的循环方式、减少热水管线长度、选择合适的加热储热设备，以及控制热水系冷热水压力平衡等减少热水系统的能源消耗。

非传统水源利用技术主要包括雨水收集利用技术和中水回收利用技术。雨水收集利用技术是指收集雨水并进行处理、渗透，将其用于公共建筑保洁、周边绿化浇灌等，以减少城市供水消耗的技术。中水回收利用技术是指将公共建筑在运维过程中产生的污水进行加工处理，达到相关标准后再次利用或循环利用的技术。

5. 可再生能源系统节能改造

使用可再生能源已经成为当前我国城市建设中最主要的一项节能技术。利用太阳能、风能和水能等新能源，可以有效地缓解城市建设对常规能源的依赖性，并减少温室气体的排放量。

受建筑条件与成本限制，重庆市既有公共建筑节能改造的可再生能源利用以太阳能应用为主。太阳能是公认最好的可再生能源，具有广泛性、持久性、清洁性，且辐射热获得技术难度小、经济性好。太阳能在建筑中的利用方式可分为被动式和主动式：被动式太阳能建筑应用技术是一种通过巧妙的建筑构造设计和合理的材料选用，实现建筑在冬季较多地获取太阳能，在夏季阻隔太阳辐射，因此该技术往往运用于新建建筑；主动式太阳能建筑应用技术则需要通过机械设备获取太阳能，主要依靠光热和光伏两种技术途径。

1）太阳能光热技术

（1）太阳能热水系统

太阳能热水系统通过太阳能集热器将太阳辐射转换成热能，循环加热蓄水箱中的水，从而为人们提供生活热水。该系统在所有的太阳能利用技术应用中最具成熟度和广泛性。其包含集热器、蓄热容器、热水分配系统、自动控制系统和其他能源辅助系统。

集热器作为太阳能热水器系统的核心部件，其得热率决定了整体的系统效率。集热器按照其原理及结构分为真空管式和平板式两种形式，如图4.6所示。真空管式太阳能热水系统光热转化率高，但成本也高，不利于大规模建筑一体化应用，因此在我国主要应用于分户住宅。平板式太阳能集热器的集热效率比真空管式集热器低，但其自重小、结实耐用、成本低，更容易作为建筑构件实现大规模建筑一体化应用。

此外，由于太阳能供给不稳定，在冬季太阳辐射不足的情况下，很多太阳能热水器能够和辅助热源进行切换。常见的辅助热源系统为电辅助加热、热泵辅助加热，其中太阳能-空气源热泵热水系统对南方气候适宜性较好，已经被广泛使用。太阳能-空气源热泵具有热源丰富、运行不受外界天气影响、制造技术成熟、成本相对其他热源热泵较低、

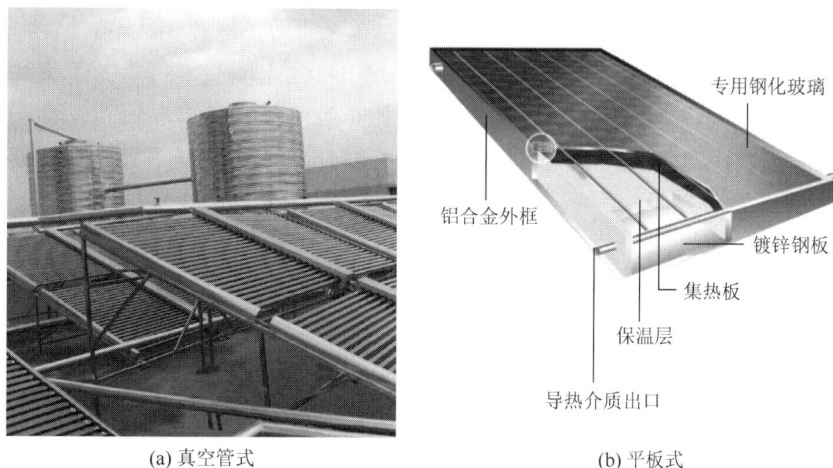

(a) 真空管式　　　　　　　　　(b) 平板式

图 4.6　两种集热器形式

结构简单,以及安装和维护工作方便的优势。太阳能-空气源热泵热水系统原理图如图 4.7 所示,主要由太阳能集热单元、空气源热泵单元和供热单元组成。工程实践中关键点的温度和水箱水位确定了空气源热泵的启停和系统的控制方案,应合理地确定空气源热泵的开启条件和整个系统的运行模式。

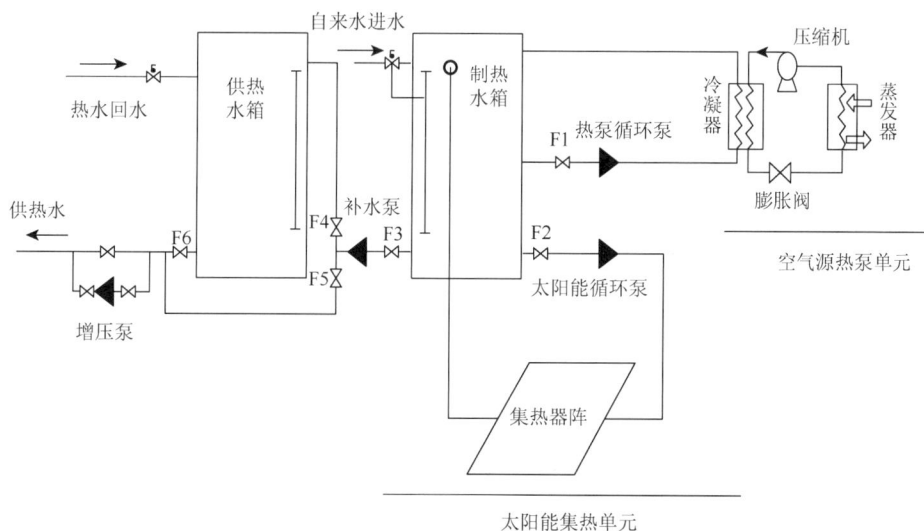

图 4.7　太阳能-空气源热泵热水系统原理图

F1～F6 为流量传感器

(2) 太阳能供热采暖系统

太阳能供热采暖系统原理图如图 4.8 所示,根据太阳能集热器集热工质的不同,可分为空气集热器系统和液体工质集热器系统。前者运行费用高且蓄热容积大,后者主要以低温热水通过地板辐射向室内供暖,应用范围更广。太阳能供热采暖系统相对太阳能热水系统主要增加了末端供热采暖系统，但两者也存在较大差异，主要表现在：全年采暖负荷季节性差异较大；进水温度及供水温度温差小；太阳能与采暖负荷矛盾大，夏季太阳辐射强烈但不需要采暖；由于建筑采暖负荷比单纯的热水负荷高很多，须布置较大面积的集热器。基于以上特点，平板式太阳能集热器在低供水温度下集热效率高，大面积应用时与建筑结合效果好，因此其在太阳能供热采暖系统的应用更为广泛。

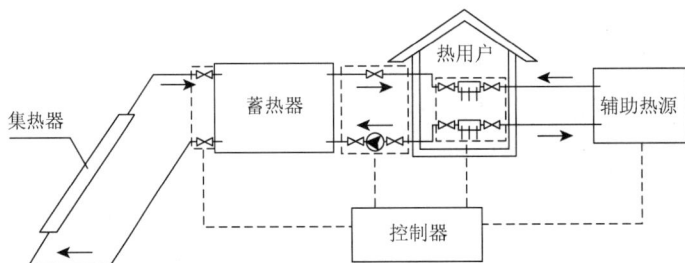

图 4.8　太阳能供热采暖系统原理图

（3）太阳能供热制冷技术

太阳能供热制冷系统原理图如图 4.9 所示。该系统主要利用太阳能光热产生的热能来驱动热力制冷机制冷，本质上与传统的制冷空调无太大区别，且考虑到太阳能供应不稳定，也须布置辅助热源。太阳能供热制冷装置有吸收式、吸附式和除湿冷却式三种形式，其制冷介质均不同。吸收式制冷机采用水-溴化锂或氨-水溶液作为制冷介质，而吸附式和除湿冷却式制冷装置采用的是硅胶等固体吸附剂和除湿剂。三者之中，吸收式制冷技术最为成熟。太阳能吸收式空调利用溶液浓度的变化来获取冷量，氨-水和水-溴化锂系统工质中，水-溴化锂能效比高、对热源温度要求低、无污染，是研究应用的重点。

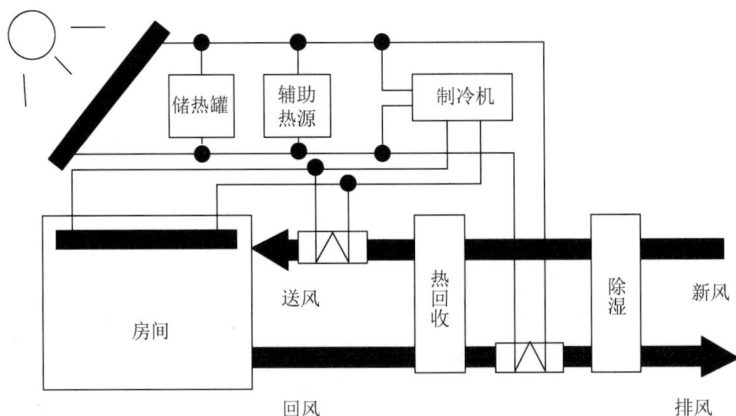

图 4.9　太阳能供热制冷系统原理图

目前，常规的集热器在高品位热源工况下工作效率较低，导致集热器面积大、成本高，规模化推广的经济条件尚不具备。

2）太阳能光伏发电技术

太阳能光伏发电技术原理图如图 4.10 所示。该技术能将太阳能转化为电能，其优点在于能够实现分布式发电、不产生废物、不排放污染物，而且具有可再生性和可持续性等特点。

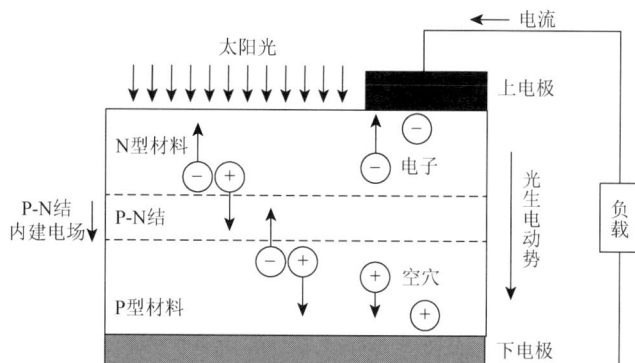

图 4.10　太阳能光伏发电技术原理图

光伏发电技术的工作原理是将太阳的辐射能转化为电能。太阳辐射能包括可见光、红外线和紫外线，其中可见光占很大比例。光伏组件通过光电效应将太阳辐射转化为电能，关键的光电设备是太阳能电池。太阳能电池的主要结构是由 P 型和 N 型半导体材料组成的 P-N 结。当太阳光照射到 P-N 结上时，光子的能量被吸收，激发 P 型材料的电子向 N 型材料流动，在 P-N 结两侧形成电动势，从而产生电流。

光伏发电技术路线主要包括单晶硅、多晶硅、非晶硅、染料敏化太阳能电池、有机太阳能电池和钙钛矿型太阳能电池。其中，单晶硅太阳能电池是太阳能光伏发电技术的主要类型之一，具有高效率、长寿命、高性价比等优势，但是其制备工艺复杂且成本较高；多晶硅太阳能电池是应用最广泛的光伏电池，具有制作方法简单、成本低廉、光电转换效率低等特点；非晶硅太阳能电池是一种新型的光伏电池，具有制作方法简单、透明度高、光电转换效率低等特点。近年来，染料敏化太阳能电池、有机太阳能电池和钙钛矿型太阳能电池备受关注，它们具有制备工艺简单、成本低、效率高等优点，但仍存在一些问题需要解决。

根据是否与公共电网并联，太阳能光伏发电系统分为离网系统和并网系统。并网太阳能光伏发电系统如图 4.11 所示。离网太阳能光伏发电系统没有与公共电网并联，而并

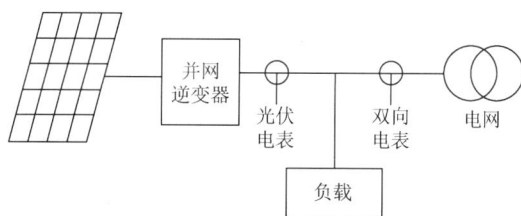

图 4.11　并网太阳能光伏发电系统示意图

网太阳能光伏发电系统则将直流电力经逆变器转换为交流电后与公共电网并联。目前并网太阳能光伏发电系统的应用比例愈来愈大，已经成为太阳能光伏发电技术的主要发展方向。此外，若直接利用直流电也可形成另外一种利用方式，即直流负载独立系统。三种光伏发电系统的特点如表 4.5 所示。

表 4.5　三种光伏发电系统特点

系统名称	工作方式	特点	适用范围
离网太阳能光伏发电系统	白天供电并蓄电，晚上由蓄电池供电	与电网延伸相比，成本较低，可自给自足；但系统复杂，不易设计，蓄电池寿命短	远离公共电网的无电地区
并网太阳能光伏发电系统	白天供电，不足的部分由市政电网补充，富余的部分出售给市政电网；晚上由市政电网供电	系统构成简单，易于设计，发电率高，维护容易；与市政电网之间相互影响	应用广泛，限制条件少
直流负载独立系统	白天蓄电，晚上供电	能量损失少，易于设计；需维护和更换电池	路灯、玩具等小型独立用电设备

光伏建筑一体化是应用光伏技术的重要领域，宜将光伏发电系统作为建筑体系的一部分，满足建筑设计对美观、实用性、经济性的要求。目前，在建筑设计中需要注意平衡建筑设计与光伏发电系统，保证结构安全，避免遮挡电池组件，并保持良好的通风。

6. 动力系统节能改造

电梯设备在运行时会产生电能，这部分电能通常以热能的形式消耗在制动电阻上，会造成较大的能源浪费。若采用电梯能量回馈装置对电梯进行改造，将该部分能量回收，则能实现节能效益。电梯电能回馈装置原理图如图 4.12 所示，该装置通过自动监测变频器的直流母线电压，将变频器直流环节的直流电压逆变成与电网电压同频同相的交流电压，再经多重噪声滤波环节后连接到交流电网，最终达到能量回馈电网、节省电能的目的。

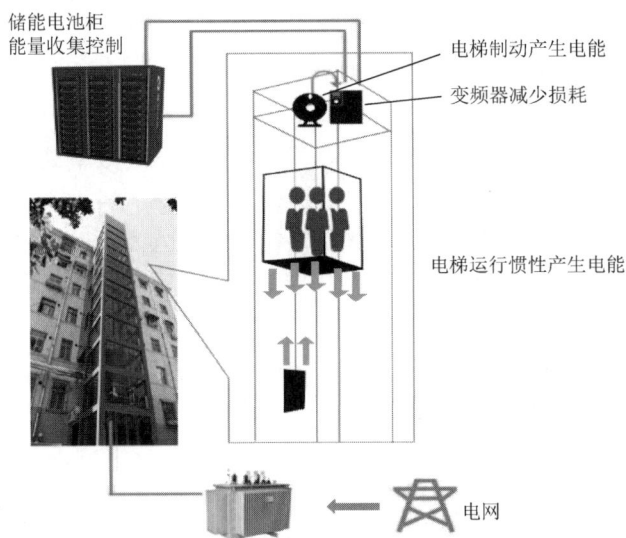

图 4.12　电梯能量回馈装置原理图

7. 特殊用能系统节能改造

特殊用能系统的节能改造主要涉及厨房排油烟设备、厨房灶具、酒店洗衣房、数据中心机房等方面。

对于改造建筑的厨房，可以通过设置送排油烟系统变频措施、定时启停控制和更换高效节能燃烧器等方式来减少能源浪费。对于改造酒店建筑的洗衣房，可以充分回收冷凝水的二次蒸汽潜热及显热，利用冷凝水预热生活热水并回收利用，实现节能减排。对于改造数据中心机房，宜利用热管系统原理，通过制冷剂相变及自然重力实现机房内封闭循环，并结合使用室外冷源，实现空调系统安全、可靠、高效、节能。

8. 能耗监测系统节能改造

公共建筑的能耗监测系统管理直接关乎建筑物的能源消耗和用户的绿色体验，需要借助数字化、智能化等高新技术搭建系统。如将公共建筑的运行监测与控制、能耗监测等功能集成到统一平台，可实现公共建筑运营维护的精准化监测与系统化改造，进而提高建筑的绿色运行水平与安全性，降低运维成本。某典型改造建筑的能耗监测系统界面如图 4.13 所示。

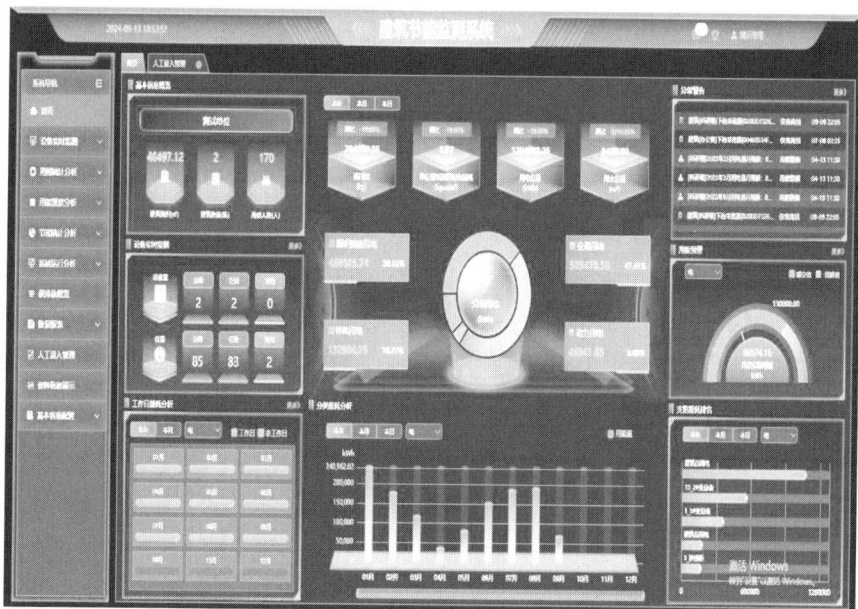

图 4.13　某典型改造建筑的能耗监测系统界面图

9. 围护结构节能改造

1）外墙保温隔热技术

外墙是公共建筑围护结构的重要组成部分，承担保温和隔热等功能，能有效减少因室内外温差造成的能量消耗，保证室内热环境的舒适性。公共建筑外墙的导热性能和冷热空气的渗透性能是影响建筑物能量消耗的重要因素,因此提高其保温隔热性能,构建高效保温隔热外墙体系,是既有建筑节能改造的重点方向之一。既有公共建筑外墙节能改造应结合外墙的结构特点与施工作业要求,制定科学合理的外墙改造实施方案。

公共建筑外墙保温隔热改造通常采用外保温、内保温技术。外墙外保温是指将高效保温材料置于外墙主体结构的外侧,这种保温技术对主体结构有保护作用,能消除或减弱热桥的影响,而且在改造施工时,对建筑的影响较小。外墙内保温是指在外墙结构的内侧进行保温施工,这种保温技术施工速度较快、技术较为成熟,但缺点是会减少建筑的使用面积,且外墙的内侧与外侧容易产生温度差,造成墙体裂缝,影响建筑结构的稳定性。

2) 外窗节能改造技术

外窗具有隔热、保温、采光等多种功能,公共建筑室内外热量交换主要是通过外窗实现。采用相关的绿色技术对既有公共建筑的外窗进行改造,能有效降低太阳辐射对室内热环境的影响。

(1) 窗型改造

一般的窗型有推拉、平开、固定等形式,现代公共建筑最常用的是推拉窗。推拉窗不属于节能窗,因其窗扇上部和窗框之间及窗扇下部和滑轮之间的间隙大,气密性差,窗扇上下空气对流明显,造成的热损失较大。相对而言,平开窗和固定窗的窗框和窗扇之间具有良好的气密性,都属于节能窗。在有条件的前提下,节能改造宜优先考虑窗型改造,但需注意窗型改造会增大窗框面积,这对原有立面效果产生影响,同时影响用户开窗习惯。

(2) 玻璃改造

窗户的绝大部分面积是玻璃,玻璃对外窗的节能效果影响显著。常用的节能玻璃有普通中空玻璃、热反射中空玻璃、吸热中空玻璃、Low-E玻璃和贴膜玻璃。

普通中空玻璃由2片及以上的玻璃板组合而成,玻璃板辅以支撑隔开,玻璃间隔间形成气体层,窗户周边再密封。密封气体层导热系数极小,因此提升了整窗的热阻和保温隔热性能。普通中空玻璃构造一般为6+12+6,即两片6mm的白玻中间形成12mm的空气层。随着技术的发展,中空玻璃中的普通空气可被替换为惰性气体(如氪气、氩气),外层玻璃板也可采用经过加工、隔热效果更好的玻璃,这些改进显著提升了窗户保温隔热性能。

热反射中空玻璃通过表面的金属或金属氧化物镀层将大部分太阳热辐射反射到室外,因此又称其为太阳控制膜玻璃。热反射中空玻璃对太阳能的控制较强,遮阳效果好,其缺陷是对可见光透过率有较大的衰减,还会造成光污染。

吸热中空玻璃的颜色较为丰富,这些颜色主要源于其内部的金属离子,因此吸热玻璃能选择性地吸收太阳光,并将吸收的绝大部分热量以对流和辐射的方式散发出去,从而有效缓解室内过热,达到一定的节能效果。但是,吸热中空玻璃在吸收太阳光的同时,也吸收了大量的可见光,造成了室内的采光不足;此外,有色玻璃可能影响室内人员对室外景观的观赏效果,使人产生不适感,因此目前建筑中已较少采用吸热中空玻璃。

Low-E玻璃的冬夏季传热机理如图4.14所示,该玻璃表面镀有低辐射膜,其组成成分包括衬底层和金属或金属氧化物层。Low-E 玻璃主要反射长波辐射，研究表明 Low-E 玻璃对远红外线的反射率可达到 90%，因而与热反射中空玻璃、吸热中空玻璃相比，其隔热效果更好。Low-E 玻璃的适用性较广，根据透光性的不同，可将其分为高透光性 Low-E 玻璃、中透光性 Low-E 玻璃和低透光性 Low-E 玻璃，因此根据房间的功能需求可选用不同透光性的 Low-E 玻璃。Low-E 玻璃不宜单片或做成夹层玻璃使用，为了充分利用其高反射红外线的能力，必须组合成中空玻璃或真空玻璃使用。

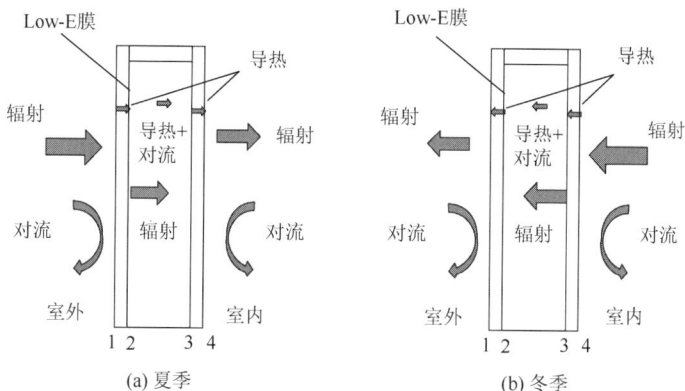

图 4.14　Low-E 玻璃的冬夏季传热机理

　　贴膜玻璃采用直接装贴方法将热反射膜贴于玻璃上起到隔热作用。一般贴膜玻璃的可见光透过率为 10%～60%，太阳光反射率可高于 40%。贴膜玻璃经济、方便，但节能效果受制于贴膜的制造水平。

　　（3）窗框改造

　　为了全面提高窗户的节能效果，外窗节能改造不仅要采用节能玻璃，节能窗框的选用也非常重要。窗框首先应具有足够的强度和刚度以起到支撑作用；其次，还应具有良好的热工性能，避免形成热桥。目前，热工性能优良的节能窗框主要有断热铝合金窗框、聚氯乙烯（PVC）塑料窗框和木窗框。

　　PVC 塑料窗框保温性能好，但抗风压、水密性低，遮光面积大，易老化，耐久性差。普通铝合金窗框的传热系数大约为 $5W/(m^2 \cdot K)$，并不属于节能窗框，但采用断热处理后的铝合金窗框，其热工性能可提高 30%～50%。选用断热铝合金窗框和 Low-E 玻璃的窗户，其整窗的综合传热系数 K 值可达 $3.0W/(m^2 \cdot K)$，达到了节能窗标准。木窗框质量轻、强度较高，保温隔热性能好，生产能耗低，但却容易湿胀、干缩，易于变形，使用寿命短，耐久性差，且不利于保护森林资源。目前，公共建筑已基本不使用木窗框。

　　（4）外窗遮阳

　　外窗遮阳有外遮阳、内遮阳和中置遮阳三种形式。外遮阳是在建筑物的外部安装遮阳系统，可直接将阳光和热量挡在户外，有效降低室内温度；内遮阳则是将遮阳系统安装在建筑物内部，兼具装饰和隔热的效果；中置遮阳是将遮阳系统安装于两层覆盖材料之间，主要用于中空窗体内安装百叶或呼吸式幕墙。外遮阳的保温隔热性能远远优于内遮阳。清华大学李保峰博士[1]的试验结果表明，内遮阳的遮阳效果远不如外遮阳，并且在夏热冬冷地区外遮阳更具有明显的优势。

　　3）屋面保温技术

　　针对部分既有公共建筑存在屋顶保温效果不佳，以及因长期使用出现的屋顶防水层老化变形等问题，目前常用的屋面改造技术包括干铺保温隔热材料，以及聚氨酯防水保温隔热屋面、倒置式屋面、种植屋面和蓄水屋面等，图 4.15 给出了典型的保温屋面做法。

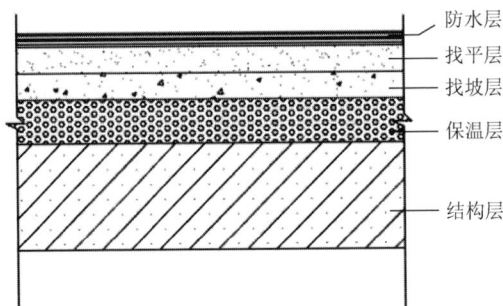

图 4.15　典型保温屋面示意图

　　其中，干铺保温隔热材料是直接将保温材料铺设在防水层上，涂抹绝缘防水涂料，该技术施工方法相对简单，结构形式类似于倒置式屋面的施工。聚氨酯防水保温隔热屋面是将原有的屋面防水层拆除，然后喷涂硬泡沫聚氨酯作为绝缘材料，该技术具有良好的抗水侵入能力，与基层结构的黏结效果好，能有效避免保温板出现空鼓、脱离基层等问题。倒置式屋面是目前比较常用的类型，具体施工措施是拆除原有屋顶的覆盖层，同时对防水层进行局部修整，之后再铺设一层 4～5mm 厚的油毡和挤塑式聚苯乙烯绝缘板，最后再铺设绝缘过滤保护膜和卵石床。

　　种植屋面是在屋面上种植绿色植物，通过对阳光进行遮挡和吸收，改善建筑围护结构表面的湿热状况，从而降低夏季热负荷。其隔热利用了植物茎叶的遮阳作用、光合作用和蒸腾作用，同时植被基层的土壤栽培基质也可提高屋面热阻。种植屋面不仅有利于建筑物屋顶的保温隔热，还缓解了城市热环境，提高了雨水利用率。

　　蓄水屋面通过在屋面上储存水并利用水蒸发耗热来提高隔热能力。不同厚度蓄水层的热工性能测试数据表明，厚度越大，其隔热效果越好。其缺点也较为明显，如不利于夜间屋面散热，蓄水层加大了屋顶荷载，以及增加了屋面防水难度。

4.3.3　重庆市节能改造技术应用分析

　1. 总体分析

　　本小节将结合重庆市部分已完成的公共建筑节能改造项目，对其中涉及的改造技术及效果进行统计分析。

改造项目的地理位置分布范围较广，主要集中在重庆市主城 9 区及下辖 26 个区县。项目中建筑类型涵盖了办公建筑、科教文化建筑、医疗卫生建筑、商业建筑和宾馆酒店建筑等不同使用功能的公共建筑，各类型建筑改造数量占比见图 4.16。其中，改造建筑类型最多的是办公建筑，以政府办公建筑为主，因为这类建筑的节能改造工作实施难度相对较低，同时也得益于政府的强制推动政策。而商业建筑、宾馆酒店建筑和医疗卫生建筑虽然节能潜力较大，但因为节能改造实施难度也较大，所以改造数量相对较少。

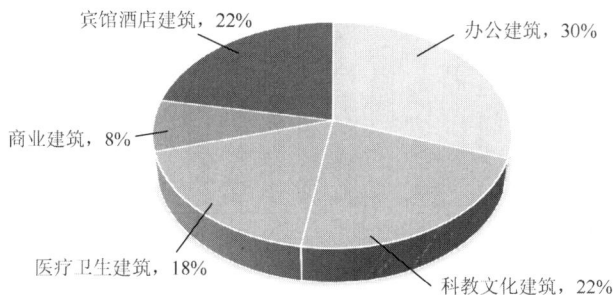

图 4.16 各类型建筑改造数量占比

按暖通空调系统、照明插座系统、给排水系统、可再生能源系统、动力系统、特殊用能系统、能耗监测系统和围护结构共 8 个类别，统计分析各节能改造示范项目的具体技术采用情况，如图 4.17 和图 4.18 所示。

由统计结果可知，照明插座系统与暖通空调系统是节能改造中的重点实施技术，改造占比均接近 100%；围护结构、给排水系统和可再生能源系统的改造占比相对较小。

节能改造工程本身需要依靠经济效益推动，改造技术占比的结果一定程度上反映了改造技术在投入回收层面上的优劣，因此照明插座系统与暖通空调系统改造的节能效益相对较高。此外，照明插座系统与暖通空调系统的改造技术也相对成熟。综合各方面因素，目前重庆市形成了以照明插座系统、暖通空调系统改造为核心，动力系统、给排水系统、特殊用能系统能耗监测系统为辅助的节能改造技术体系。

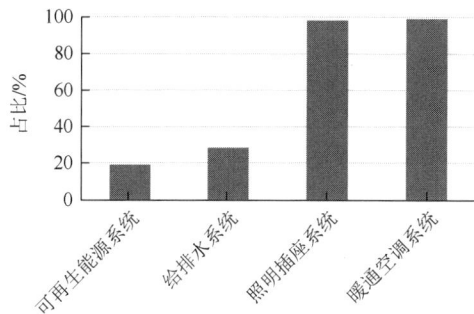

图 4.17 各节能改造示范项目的具体技术
采用情况 1

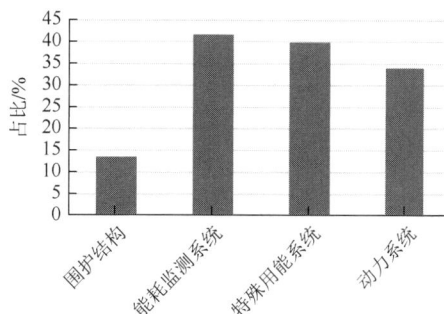

图 4.18 各节能改造示范项目的具体技术
采用情况 2

对各类型建筑的部分节能改造技术应用占比进行分析，如图 4.19 所示。

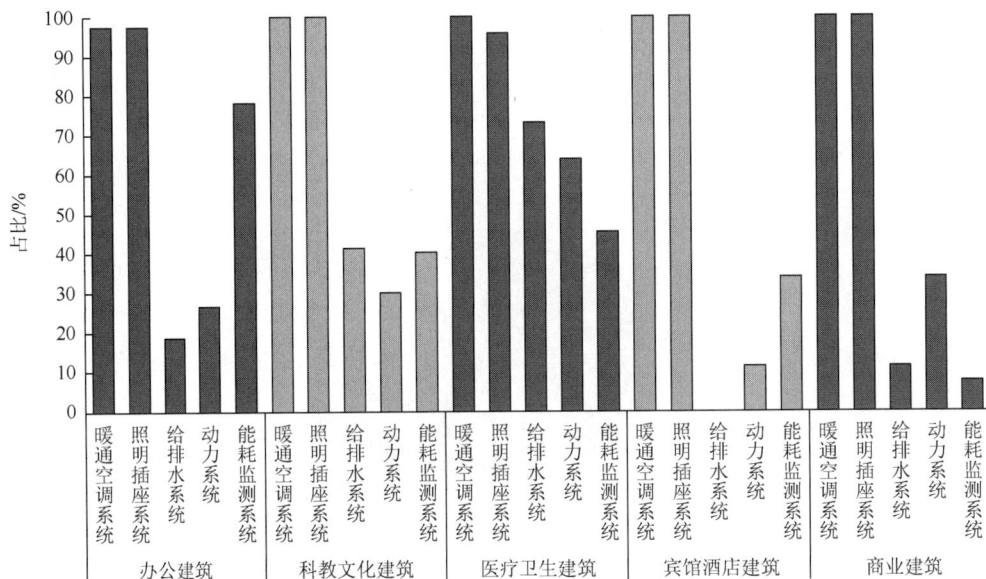

图 4.19   各类公共建筑的节能改造技术（部分）应用情况

暖通空调系统节能改造应用方面，除办公建筑外的其他 4 类建筑的改造比例都达到了 100%，体现了暖通空调系统改造的广泛性。其改造技术应用多样，其中应用最多的集中式空调系统改造措施是空调水泵及末端风机变频技术，分体式空调系统是采用节能控制装置技术和更换低能效设备。

照明插座系统节能改造应用方面，办公建筑（97%）、科教文化建筑（100%）、商业建筑（100%）、医疗卫生建筑（96%）及宾馆酒店建筑（100%）的节能改造技术应用比例都达到了 95%以上，主要改造措施为更换节能灯具和更换节能插座。

给排水系统节能改造应用方面，除科教文化建筑（41%）外，其他公共建筑的节能改造应用比例都比较低，其改造形式以更换节水器具为主。

动力系统节能改造应用方面，5 种类型公共建筑的节能改造技术应用比例各有不同，其中医疗卫生建筑最高为 64%。经对现场实际情况的了解发现，医疗卫生建筑的动力系统十分庞大，仅电梯设备即可分为医用电梯、普通电梯、洁净电梯和专用电梯等，同时由于部分医疗卫生建筑的门诊部会根据实际人流情况设置自动扶梯，因此其动力设备节能改造工作受到高度重视。另外，由于很多医疗卫生建筑的建成年代久远且电梯设备的采购成本受限，采用的电梯大多不带变频功能，不属于绿色节能电梯，因此对于众多医疗卫生建筑而言，其动力系统的节能潜力十分可观，改造率也显著高于其他 4 类建筑。

能耗监测系统应用方面，办公建筑的节能改造技术应用最为广泛，比例为 78%。经分析主要有以下几点原因：①办公建筑中包含大量的政府机关办公建筑，相比其他常规建筑具有更严格的能源审计及节能减排标准，因此其对分项能耗计量有更高的要求，需要配备能耗监测系统；②商业建筑及医疗卫生建筑的用能系统庞大且复杂，相比之下办公建筑的用能系统更适合实现分项计量。

　　为全面体现建筑整体及各单项系统的节能效果，可采用建筑总节能率与各单项系统节能率两项指标。

$$建筑总节能率 = \frac{建筑年总节能量}{建筑基准年能耗}$$

$$各单项系统节能率 = \frac{改造系统年节能量}{改造系统基准年能耗}$$

　　经统计所改造建筑的平均总节能率为 23.69%，各类型改造建筑的平均总节能率如图 4.20 所示。从图中可以看出，不同改造建筑的节能效果存在一定的差异。科教文化建筑的综合节能改造效果最明显，改造后总节能率为 26.81%，其节能潜力较大；办公建筑改造后总节能率相对较低，为 20.65%。

　　各单项系统的平均节能率如图 4.21 所示。可以看出，暖通空调系统和照明插座系统改造的节能率之和接近 20%，基本能够满足现有节能改造效果的要求。但随着重庆市内既有公共建筑节能改造工作的不断深入，势必要求进一步提升改造后的节能率，未来的节能率下限可能会达到 25%甚至 30%，这将推动既有公共建筑节能改造技术向多元化、特异化发展。当现阶段的方案无法满足节能要求时，类似可再生能源建筑应用等"开源"技术与建筑能源消耗进一步的"节流"技术将得到越来越多的应用。

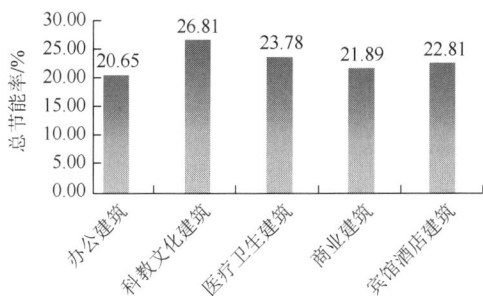

图 4.20　各类型改造建筑平均总节能率

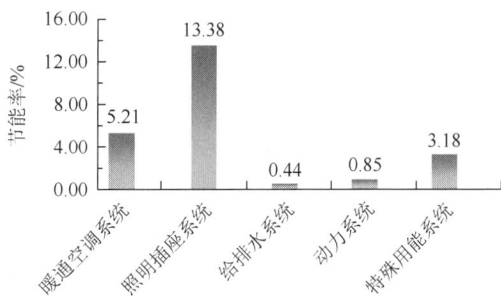

图 4.21　各单项系统平均节能率

　　改造建筑的节能率分布如图 4.22 所示。各改造建筑总节能率满足国家要求（即节能率不低于 20%）的项目有 92%，其中建筑总节能率在 25%及以上的项目占了 19%。根据调查，节能率较高的项目基本是同时改造多个系统，且合理选用节能改造技术的综合效果。而有 8%的建筑总节能率低于 20%，不满足国家节能改造的要求。这些项目的改造时间主要集中于 2012～2015 年，其节能率较低的主要原因是节能诊断不彻底、改造系统单一及改造技术选用不合理。可见，要实现较好的建筑节能改造效果，应对各用能系统进行全面的节能诊断，查明可能存在的节能潜力，选用合理的改造技术并进行多项改造。

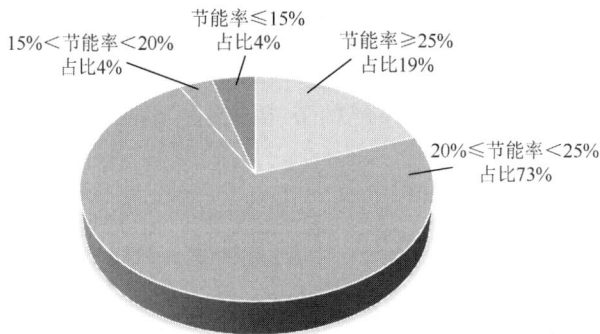

图 4.22　改造建筑节能率分布

2. 节能改造项目与绿色化改造项目对比分析

重庆市于 2019 年底开始逐步推进既有建筑由单一的节能改造向更加全面的绿色化改造方向转变，旨在通过采用可持续性设计和使用环保材料，遵循因地制宜的原则，对既有公共建筑进行改造，以提高其能源效率和降低碳排放并改善室内外环境质量，同时为用户提供更健康、更舒适的居住和工作环境。在《既有建筑绿色改造评价标准》（GB/T 51141—2015）中绿色改造定义为对既有建筑进行绿色化改造活动，旨在实现节约能源资源、改善人居环境、提升使用功能等目标，并在改造后达到绿色建筑的星级标准，其主要评价的改造内容如图 4.23 所示。

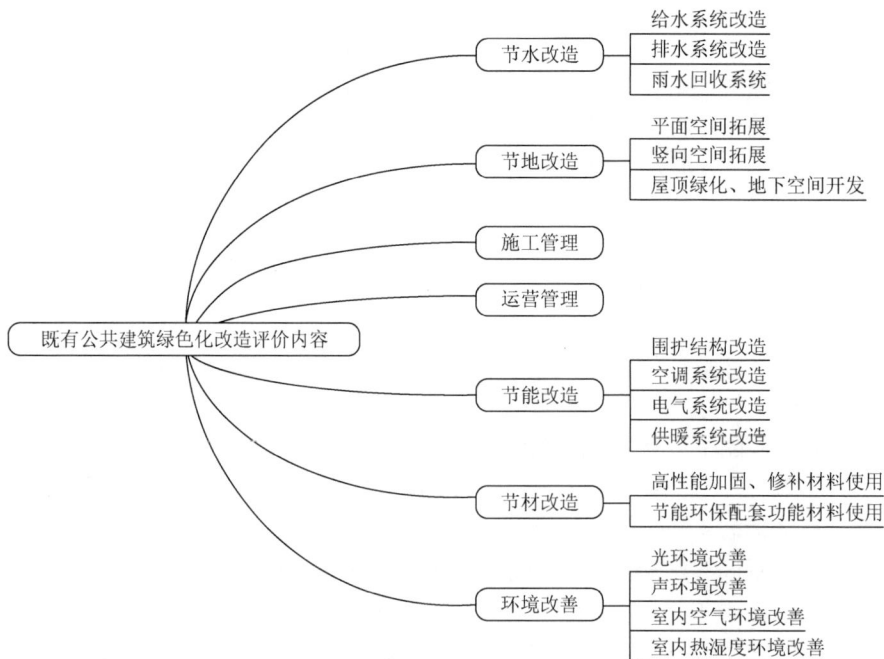

图 4.23　既有公共建筑绿色化改造评价内容

重庆市既有建筑节能改造和绿色化改造的主要改造内容如表 4.6 和表 4.7 所示。

表 4.6　重庆市既有建筑节能改造的主要改造内容

主要改造系统类别	实施技术
暖通空调系统	改善系统控制，提升系统能效
	提升冷热源机组能效
	提高输配系统效率
	设置用能计量装置
	实施节能改造技术
	控制锅炉排放烟气中污染物浓度
	回收锅炉烟气余热
插座照明系统	实施照明系统节能
	实施照明系统智能化控制
	控制照明功率密度值
	提高插座节能效率
动力系统	实施电梯等动力系统节能
给排水系统	修复管网漏损
	设置用水计量
	采用高用水效率等级的用水器具
	采用节水设备
	增设非传统水源利用
能耗监测系统	建设能耗监测系统及数据采集装置，并将数据上传至相关部门
特殊用能系统	更换高能效厨房设备、洗衣房设备

表 4.7　重庆市既有建筑绿色化改造的主要改造内容

主要改造系统类别	实施技术
暖通空调系统	改善系统控制，提升系统能效
	提升冷热源机组能效
	提高输配系统效率
	设置用能计量装置
	实施节能改造技术
	控制锅炉排放烟气中污染物浓度
	回收锅炉烟气余热

续表

主要改造系统类别	实施技术
插座照明系统	实施照明系统节能
	实施照明系统智能化控制
	控制照明功率密度值
	提高插座节能效率
动力系统	实施电梯等动力系统节能
给排水系统	修复管网漏损
	设置用水计量
	采用高用水效率等级的用水器具
	采用节水设备
	增设非传统水源利用
能耗监测系统	建设能耗监测系统及数据采集装置，并将数据上传至相关部门
特殊用能系统	更换高能效厨房设备、洗衣房设备
可再生能源系统	应用太阳能光伏系统
	应用太阳能光热系统
	应用空气源热泵
	应用地源热泵
室内外环境	改善室内噪声级
	控制机电系统噪声
	改善室内照明质量
	优化气流组织
	独立调节空调系统室内末端装置
	控制室内污染物浓度
	控制建材及装修材料污染物指标
	控制地下车库排风联动一氧化碳浓度
环境友好性	完善停车场地和停车设施
	设置绿化用地
	增加透水铺装面积
	提升外窗热工性能
绿色施工	施工时对正常建筑与设施采取防护隔离措施
	施工过程采取降尘措施
	施工过程避免水土流失，减少对周边环境的影响
	施工过程减振降噪

对比表 4.6 和表 4.7 可以发现，绿色化改造是一个综合性改造过程，不仅涉及节能，还包含绿色施工、可再生能源利用及环境友好性等内容，其核心是提高建筑全生命周期的资源利用效率，同时将环境影响降至最低。

总的来讲，节能改造的主要目标是降低能源消耗及能源费用，并减少碳排放。绿色化改造的目标是通过科学管理和技术创新，实现能源资源节约和生态环境保护，其不仅关注能源效率，还关注建筑的整体环境性能，如使用可再生能源、提高建筑智能化水平、改善居住环境品质。两者之间既有区别，又有很强的关联性，故节能改造可以认为是绿色化改造工作的一部分。

3. 改造项目投资回收期分析

对节能改造项目进行成本与收益的细致核算，是衡量其经济回报的关键环节。投资回收期是指从资金投入到实现收益所需的时间，是衡量投资项目经济合理性的重要因素之一。为计算节能改造项目的投资回收期，可将改造项目的节能量按一定的计算方法转化为节能效益，计算出项目的年均收益，然后用初始投资额除以年均收益，即可得出项目的静态投资回收期。

图 4.24 给出了所统计部分改造建筑的静态投资回收期分布情况散点图。由图可知，大部分改造建筑的静态投资回收期为 3～6 年。

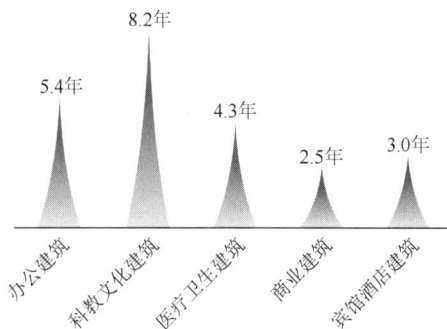

图 4.25 给出了各类型建筑的平均静态投资回收期。科教文化建筑的平均静态投资回收期最长，为 8.2 年；商业建筑的静态投资回收期最短，为 2.5 年。

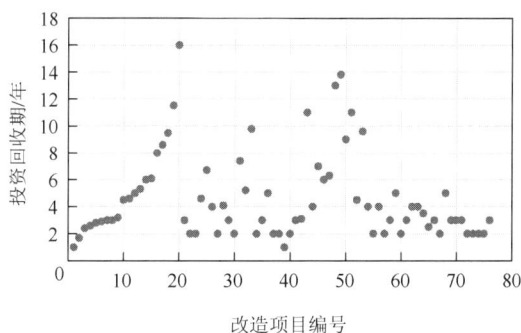

图 4.24　部分改造建筑静态投资回收期分布　　图 4.25　各类型建筑的平均静态投资回收期
情况散点图

4.3.4　"双碳"背景下的绿色改造碳减排核算探索

1. "双碳"背景

我国作为全球最大的发展中国家，碳排量仍在持续增长。2020 年 9 月第七十五届联合国大会一般性辩论上，我国首次提出"碳达峰""碳中和"的目标与承诺。

面对全球变暖的气候危机，碳中和是必经之路。基于对可持续发展的未来生活愿景，截至 2024 年 5 月，全球已有 151 个国家明确提出了"碳中和"目标，120 个国家以法律或政策文件的形式确立了目标的法律地位，86 个国家提出了详细的"碳中和"路线图。我国想要如期且高质量地实现"碳达峰""碳中和"，需要社会不同领域、不同行业等多方力量的积极参与。

2. 既有公共建筑碳排放现状

2022 年全国建筑与房屋建造碳排放总量为 41.5t CO_2，占全国能源相关碳排放 39.1%。其中，建材生产运输碳排放 17.8 亿 t CO_2，占全国能源相关碳排放 16.7%；建筑施工碳排放 0.7 亿 t CO_2，占全国能源相关碳排放 0.7%；建筑运行碳排放 23.1 亿 t CO_2，占全国能源相关碳排放 21.7%。

不同的建筑类型在运行阶段的碳排放量不同，如图 4.26 所示。2022 年，全国建筑运行能耗为 11.9 亿 tce，运行碳排放为 23.1t CO_2，在三种建筑类型中，公共建筑消耗了 41% 的能源（4.9 亿 tce）并贡献了 41% 的碳排放（9.5 亿 t CO_2），是建筑运行能耗和碳排放的最主要来源。城镇居住建筑的能耗和碳排放占比为 38%（4.5 亿 tce 和 8.8 亿 t CO_2）。农村居住建筑的能耗和碳排放占比都最低，均为 21%（2.5 亿 tce 和 4.8 亿 t CO_2）。

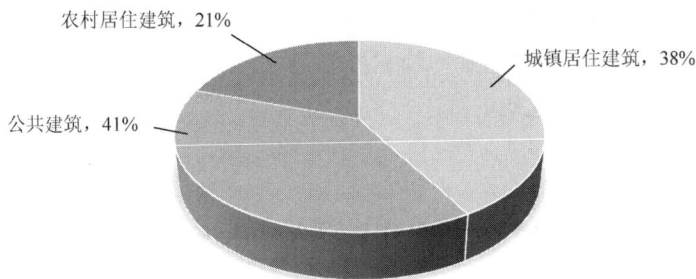

图 4.26　2022 年全国各类型建筑运行阶段碳排放占比图

3. 当前建筑领域碳排放核算研究进展

1）碳排放核算体系

当前建筑领域碳排放核算方法主要为基于全生命周期理论的过程分析法，但对于生命周期划分方式并没有统一标准，建筑碳排放核算的边界也并不统一。此外，针对既有建筑改造过程的碳排放边界核算的研究较少，当前国内的相关标准体系大多集中在建筑全生命周期概念层面的整体碳排放核算，而针对既有建筑绿色改造过程的碳减排效益核算方法尚不健全，因此还须厘清改造过程中碳排放的核算边界，对不同类型的碳排放源进行识别。

2）碳排放因子研究

目前，化石能源直接燃烧排放因子的计算方法已经相对成熟，但由于国内电力碳排放因子来源多样，官方权威数据的时效性较差，且没有考虑不同地区的发电结构与技术水平差异，故仍需建立适用于不同地区的电力碳排放因子的计算方法。

3）建筑改造效果评价研究

建筑改造效果评价研究的内容聚焦于具体某种类型的建筑单体，通过采取相应改造技术措施后评估其运行阶段的节能量或碳减排量。但对于既有建筑的绿色化改造过程，碳减排不仅涉及改造技术在运行阶段的直接碳减排效益，还包含其附带环境成本等隐含的间接碳排放量。对于同一类的改造技术措施，即使运行阶段碳减排效果相同，也会因建材和施工方式的差异造成间接碳排放量的不同。因此，应将改造技术的隐含碳成本也纳入评价体系。

4. 未来趋势

未来，重庆市将从公共建筑绿色改造碳减排效益模型构建、建筑领域碳排放因子分析、既有公共建筑碳排放影响因素分析和实例建筑绿色改造碳减排潜力分析等方面入手，建立一套适用于重庆市既有建筑绿色化改造技术体系的碳排放核算方法。

4.3.5　合同能源管理机制

合同能源管理（energy performance contracting，EPC，国内简称 EMC）模式是一种由能源服务公司提供的能源管理服务，其核心是通过签订能源管理合同，为客户提供全面的节能服务。根据合同能源管理机制，能源服务公司会对客户现有的能源使用情况进行分析和评估，确定节能潜力，并提出具体的节能方案。同时，能源服务公司也会为客户提供设计、施工、运营等全方位的服务，确保节能项目能够顺利完成并达到预期的节能效果。

合同能源管理模式主要有三种类型，分别为节能效益分享型、节能量保障型、能源费用托管型，目前节能效益分享型的合同能源管理模式较为普遍。在合同能源管理模式下，既有公共建筑绿色化改造项目具体开展方式如图 4.27 所示。

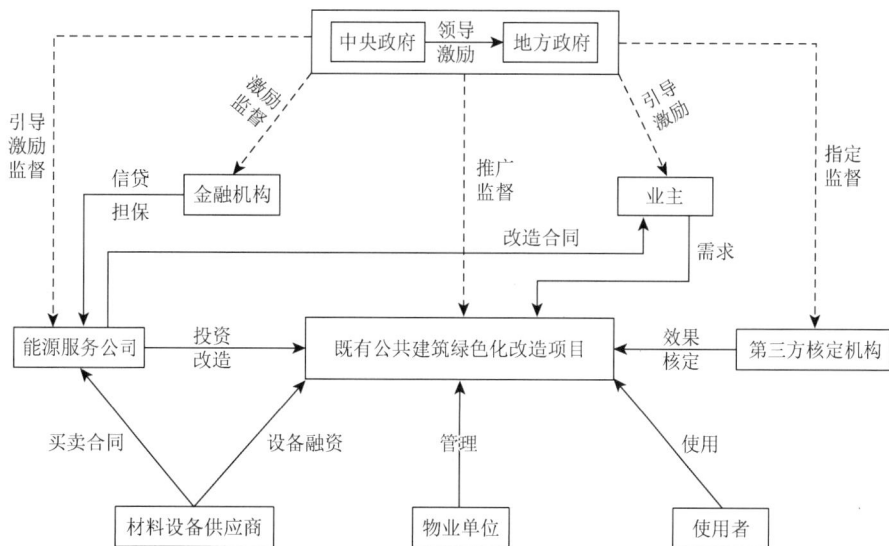

图 4.27　合同能源管理模式下既有公共建筑绿色化改造项目具体开展方式

4.4　节能改造工作流程

1. 项目申报审查阶段

能源服务公司首先对既有公共建筑的现状进行评估，包括建筑结构、能源消耗、环境影响等方面的评估，了解其各方面的节能潜力。其出具诊断报告、改造方案等申报资料并提交后，重庆市住房和城乡建设委员会将组织专家对申报项目进行评审。

评审专家组由建筑、暖通、电气、给排水、经济等专业的 5~9 人专家组成。评审专家实施回避制度，凡参与申报项目设计、咨询或其他关联工作的，不得参加项目评审工作。

首次验收未通过的示范项目，应在半年内完成整改，并重新组织评审。评审仍未通过的，取消其示范资格并不得再次申报。

评审通过后，将其列入重庆市公共建筑绿色化改造示范项目实施计划，并予以公布。评审标准参照《既有公共建筑绿色改造技术标准》（DBJ50/T-163—2021）执行（图 4.28）。

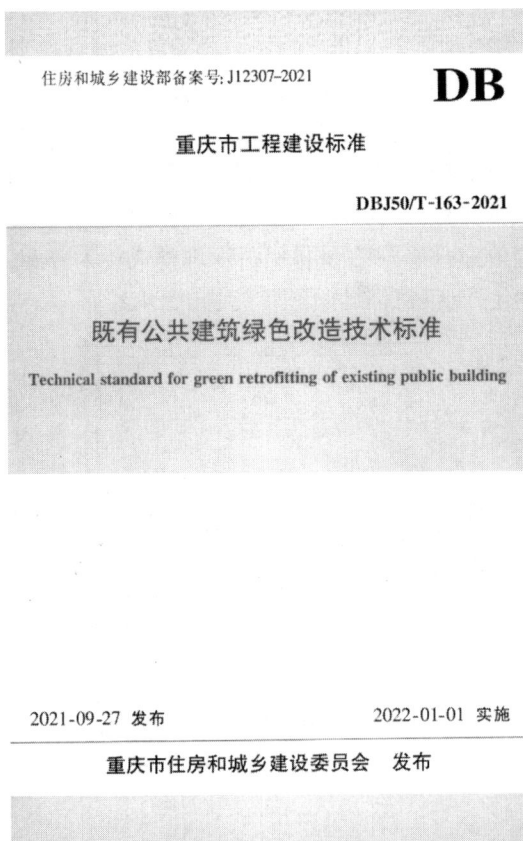

住房和城乡建设部备案号: J12307-2021

DB

重庆市工程建设标准

DBJ50/T-163-2021

既有公共建筑绿色改造技术标准

Technical standard for green retrofitting of existing public building

2021-09-27 发布　　　　2022-01-01 实施

重庆市住房和城乡建设委员会　发布

图 4.28　既有公共建筑绿色化改造评审执行标准

2. 项目初核阶段

申报项目通过专家评审后，重庆市住房和城乡建设委员会将委托节能量核定机构对项目进行初步核查。

初步核查主要对建筑用能设备现状和用能特征进行核查。核定单位通过能源服务公司提供的改造设备清单确认现场设备数量、参数是否与改造设备清单相符；按照能源服务公司提供的房产证、图纸与改造方案确定改造面积；并最终确定对项目节能改造面积、基准期年用能量和基准期年能耗水平的核定意见，出具初核意见书。

3. 项目施工阶段

能源服务公司基于改造方案，在降低影响或不影响业主和使用者日常活动的情况下，开始实施绿色化改造施工。在此期间，材料和设备供应商通过与承包单位签署买卖合同或采用设备融资方式参与项目，保证项目的顺利进行。重庆市住房和城乡建设委员会将对绿色化改造实施过程进行监督，确保改造质量和效果符合相应标准和规范。

4. 项目终核阶段

节能改造项目的终核由节能量核定机构开展，目的是确认现场设备的数量与型号是否与能源服务公司所提供设备清单中的改造后状态一致，确认改造是否完成、改造面积是否属实，并根据现场实际情况扣除相应的未改造面积。核查全程须进行摄像与拍照，同时在现场核查之后，应基于项目实际情况，按照《重庆市既有公共建筑绿色化改造效果核定办法》客观公正地完成节能量核定报告的编制任务。

5. 项目运行维护阶段

在项目运行维护阶段中，需要对建筑物进行日常维护，保障设备和系统的正常运行，确保改造后的建筑物能够持续地达到节能、环保等方面的要求，同时还要进行定期的检查和维修工作，以确保建筑物的功能和舒适性得到充分发挥。这部分工作在合同能源服务期时，由能源服务公司负责，合同能源服务期满后由业主和物业单位负责。

4.5　居住建筑标准体系

4.5.1　节能标准

1. 国家标准

1986 年，我国发布第一个节能标准《民用建筑节能设计标准（采暖居住建筑部分）》（JGJ 26—1986）[2]。该标准于 1986 年 8 月 1 日施行，以节能 30%为目标。之后，针对严寒地区和寒冷地区颁布了节能 50%的标准：《民用建筑节能设计标准（采暖居住建筑部分)》(JGJ 26—1995)[3];又陆续颁布了针对夏热冬冷地区的《夏热冬冷地区居住建筑节能设计标准》(JGJ 134—2001)[4]、针对夏热冬暖地区的《夏热冬暖地区居住建筑节能设计标准》(JGJ 75—2003)[5]。JGJ 26—1995 中将 JGJ 26—1986 中的经济评价部分删除,而 JGJ 134—2001 和 JGJ 75—2003 主要内容比较一致。针对严寒地区的 JGJ 26—1995 考量耗热量指标和采暖耗煤量指标,JGJ 134—2001 和 JGJ 75—2003 则针对室内热环境和建筑节能设计指标。同时,JGJ 134—2001 和 JGJ 75—2003 增加了空调和通风节能设计内容,这主要体现了南北方及不同气候区域在建筑节能方面有不同的侧重点和要求(表 4.8)。

表 4.8　节能相关国家标准对比表

标准	编号	年份	节能要求	针对地区	主要内容
《民用建筑节能设计标准(采暖居住建筑部分)》	JGJ 26	1986	30%	严寒和寒冷	1. 建筑物耗热量指标及采暖能耗的估算; 2. 建筑热工设计; 3. 采暖设计; 4. 经济评价
《民用建筑节能设计标准(采暖居住建筑部分)》	JGJ 26	1995	50%	严寒和寒冷	1. 建筑物耗热量指标和采暖耗煤量指标; 2. 建筑热工设计; 3. 采暖设计
《夏热冬冷地区居住建筑节能设计标准》	JGJ 134	2001	50%	夏热冬冷	1. 室内热环境和建筑节能设计指标; 2. 建筑和建筑热工节能设计; 3. 建筑物的节能综合指标; 4. 采暖、空调和通风节能设计
《夏热冬暖地区居住建筑节能设计标准》	JGJ 75	2003	50%	夏热冬暖	1. 室内热环境和建筑节能设计指标; 2. 建筑和建筑热工节能设计; 3. 建筑物的节能综合指标; 4. 采暖、空调和通风节能设计

接着,我国政府立足中国国情,基于人与自然和谐发展、节约能源、高效利用资源和保护环境的理念,提出发展"节能省地型住宅和公共建筑",并在《国务院关于做好建设节约型社会近期重点工作的通知》(国发〔2005〕21 号)等通知中提出了完善资源节约标准的要求。原建设部针对具体要求,编制了《绿色建筑评价标准》(GB/T 50378—2006)[6]等标准。《绿色建筑评价标准》(GB/T 50378—2006)发布后,历经两次改编形成 2014 和 2019 两个版本。2014 版相较于 2006 版,增加了施工管理这一评价项,2019 版则重新构建了绿色建筑评价技术指标体系(表 4.9)。

表 4.9　《绿色建筑评价标准》(GB/T 50378)对比

项目	GB/T 50378—2006[6]	GB/T 50378—2014[7]	GB/T 50378—2019[8]
主要内容	1. 节地与室外环境; 2. 节能与能源利用; 3. 节水与水资源利用; 4. 节材与材料资源利用; 5. 室内环境质量; 6. 运营管理	1. 节地与室外环境; 2. 节能与能源利用; 3. 节水与水资源利用; 4. 节材与材料资源利用; 5. 室内环境质量; 6. 施工管理; 7. 运营管理	1. 安全耐久; 2. 健康舒适; 3. 生活便利; 4. 资源节约; 5. 环境宜居

随着国家对建筑节能要求的不断提高，目前已制定并推行了与居住建筑节能相关的系列标准，如《被动式超低能耗绿色建筑技术导则（试行）（居住建筑）》、《近零能耗建筑技术标准》（GB/T 51350—2019）[9]、《建筑节能与可再生能源利用通用规范》（GB 55015—2021）[10]。《被动式超低能耗绿色建筑技术导则（试行）（居住建筑）》主要针对居住建筑提出了技术指标以及设计、施工、验收要求。《近零能耗建筑技术标准》（GB/T 51350—2019）针对居住建筑和公共建筑提出了近零能耗、超低能耗的室内环境、能效指标、设计参数、设计措施的内容。《建筑节能与可再生能源利用通用规范》（GB 55015—2021）加入了针对工业建筑部分的内容，同时针对更加细分的气候区域提出了不同的建筑节能设计要求，并新增了既有建筑节能改造和可再生能源建筑应用系统的设计内容（表 4.10）。

表 4.10　绿色建筑相关国家标准对比表

标准	《被动式超低能耗绿色建筑技术导则（试行）（居住建筑）》	《近零能耗建筑技术标准》	《建筑节能与可再生能源利用通用规范》
编号	—	GB/T 51350	GB 55015
年份	2015	2019	2021
建筑类型	居住建筑	居住建筑、公共建筑	居住建筑、公共建筑、工业建筑
主要内容	1. 技术指标； 2. 设计； 3. 施工与质量控制； 4. 验收与评价	1. 室内环境参数； 2. 能效指标； 3. 技术参数； 4. 技术措施； 5. 评价	1. 新建建筑节能设计； 2. 既有建筑节能改造设计； 3. 可再生能源建筑应用系统设计； 4. 施工、调试及验收； 5. 运营管理
气候分区	1. 严寒地区； 2. 寒冷地区； 3. 夏热冬冷地区； 4. 夏热冬暖地区； 5. 温和地区	1. 严寒地区； 2. 寒冷地区； 3. 夏热冬冷地区； 4. 夏热冬暖地区； 5. 温和地区	1. 严寒 A 区、严寒 B 区、严寒 C 区； 2. 寒冷 A 区、寒冷 B 区； 3. 夏热冬冷 A 区、夏热冬冷 B 区； 4. 夏热冬暖 A 区、夏热冬暖 B 区； 5. 温和 A 区、温 B 区
节能要求	严寒和寒冷地区建筑节能率达到 90%以上	近零能耗/超低能耗	严寒和寒冷地区居住建筑平均节能率应为 75%；其他气候区居住建筑平均节能率应为 65%

纵观国家建筑节能相关标准的变化，其趋势是对建筑、设备性能等方面不断提出更高的要求。节能设计标准从最初的 30%，到 50%、65%、75%、超低能耗、近零能耗，相关标准也在不断发展、完善、升级和提高。

2. 夏热冬冷地区标准

为进一步推进长江流域及其周围夏热冬冷地区建筑节能工作，提高和改善该地区人民的居住环境质量，全面实现建筑节能 50%的第二步战略目标，原建设部组织制定了中华人民共和国行业标准《夏热冬冷地区居住建筑节能设计标准》（JGJ 134—2001）。该标准对夏热冬冷地区居住建筑从建筑、热工和暖通空调设计方面提出节能措施，对采暖和空调能耗规定了控制指标。

之后，修订发布了《夏热冬冷地区居住建筑节能设计标准》（JGJ 134—2010）[11]（表 4.11），标准重新确定住宅的围护结构热工性能要求和控制采暖空调能耗指标的技术措施，建立新的建筑围护结构热工性能综合判断方法，规定采暖空调的控制和计量措施。2010 版针对围护结构热工性能要求，按体形系数进行分类。同时增加外窗综合遮阳系数这一指标对建筑围护结构热工性能进行要求。

表 4.11　《夏热冬冷地区居住建筑节能设计标准》（JGJ 134）对比表

项目	JGJ 134—2001	JGJ 134—2010
室内热环境和建筑节能设计指标	冬季卧室、起居室室内设计温度取 16～18℃；夏季卧室、起居室室内设计温度取 26～28℃	冬季卧室、起居室室内设计温度取 18℃；夏季卧室、起居室室内设计温度取 26℃
围护结构部位	屋面、外墙、底部接触室外空气的架空或外挑楼板、分户墙、户门的热工性能；依据朝向、窗墙面积比的外窗进行热工性能要求	依据体形系数对屋面、外墙、底部接触室外空气的架空或外挑楼板、分户墙、户门的热工性能进行规定；依据体形系数和窗墙面积比对外窗传热系数、综合遮阳系数（东、西向/南向）进行规定

3. 重庆标准

2002 年，为贯彻执行国家节约资源、保护环境的法规和政策，改善重庆市居住建筑室内热环境，提高冬季采暖、夏季空调的能源利用效率，根据中华人民共和国行业标准《夏热冬冷地区居住建筑节能设计标准》（JGJ 134—2001），制定《重庆市居住建筑节能设计标准》（DB 50/5024—2002）[12]（表 4.12）。

表 4.12　重庆市居住建筑节能设计标准

标准	编号	年份	节能要求	主要内容
《重庆市居住建筑节能设计标准》	DB 50/5024	2002	50%	1. 室内热环境和建筑节能设计指标；2. 建筑和建筑热工节能设计；3. 建筑物的节能综合指标；4. 采暖、空调和通风节能设计
《居住建筑节能 50%设计标准》[13]	DBJ50-102	2010	50%	1. 室内热环境计算参数；2. 建筑和建筑热工设计（一般规定、围护结构热工设计）；3. 建筑围护结构热工性能的综合判断；4. 采暖、通风和空调节能设计；5. 建筑照明节能设计
《居住建筑节能 65%（绿色建筑）设计标准》[14]	DBJ50-071	2010	65%	1. 室内热环境计算参数；2. 建筑和建筑热工设计（围护结构热工设计、自然通风设计）；3. 建筑围护结构热工性能的综合判断；4. 采暖、通风和空调节能设计（采暖、通风、空气调节、空气调节与采暖系统的冷热源）；5. 建筑照明节能设计
《居住建筑节能 65%（绿色建筑）设计标准》[15]	DBJ50-071	2016	65%	1. 室内热环境计算参数；2. 建筑和建筑热工设计（围护结构热工设计、自然通风设计）；3. 建筑围护结构热工性能的综合判断；4. 供暖、通风和空调节能设计（供暖、通风、空气调节、空气调节与供暖系统的冷热源）；5. 建筑电气设计；6. 建筑环境设计与资源综合利用（建筑环境、资源综合利用）
《居住建筑节能 65%（绿色建筑）设计标准》[16]	DBJ50-071	2020	65%	1. 规划与建筑设计（节能设计、绿色设计）；2. 结构设计（节能设计、绿色设计）；3. 给水排水设计（节能设计、绿色设计）；4. 电气设计（节能设计、绿色设计）；5. 供暖通风与空气调节设计（节能设计、绿色设计）；6. 园林景观设计（绿色设计）
《近零能耗建筑技术标准》[17]	DBJ50/T-451	2023	近零能耗	1. 室内环境参数；2. 建筑能效指标；3. 技术性能指标（围护结构、能源设备和系统）；4. 技术措施（设计、施工质量控制、调试与验收、运行与管理）；5. 评价

2010 年，为贯彻落实国家节约资源和保护环境的基本国策，进一步加强和推进重庆

市的建筑节能工作，改善居住建筑的室内热环境，提高暖通空调系统的能源利用效率，根据重庆市住房城乡建委《关于下达 2006 年度建设科研项目计划的通知》（渝建〔2006〕187 号）的有关要求，有关单位依据《夏热冬冷地区居住建筑节能设计标准》（JGJ 134—2010），结合重庆市的地方特点，在参考近年来国内外居住建筑节能方面的实践经验和研究成果并广泛征求意见的基础上，对《重庆市居住建筑节能设计标准》（DB 50/5024—2002）进行了修订。

为进一步加强和推进重庆市的建筑节能工作，有关单位依据《夏热冬冷地区居住建筑节能设计标准》（JGJ 134—2010），结合重庆市的地方特点，在参考近年来国内外居住建筑节能方面的实践经验和研究成果并广泛征求意见的基础上，对重庆市《居住建筑节能 65%（绿色建筑）设计标准》（DBJ50-071—2007）进行了修订。

2016 年，为落实国务院办公厅《绿色建筑行动方案》（国办发〔2013〕1 号），国务院《国家新型城镇化规划（2014—2020 年）》，国务院办公厅《2014—2015 年节能减排低碳发展行动方案》，国务院办公厅《能源发展战略行动计划（2014—2020 年）》（国办发〔2014〕31 号），《中共中央　国务院关于加快推进生态文明建设的意见》等文件要求，重庆市大力推动绿色建筑发展的工作部署，进一步加强和推进重庆市建筑节能和绿色建筑工作，改善重庆市居住建筑的室内热环境，提高能源利用效率。按照财政部、住房和城乡建设部《关于加快推动我国绿色建筑发展的实施意见》（财建〔2012〕167 号）的有关要求，完成了对重庆市工程建设标准《居住建筑节能 65%（绿色建筑）设计标准》（DBJ50-071—2010）的修订工作，使其在达到建筑节能 65%要求的同时，满足国家一星级绿色建筑设计标识及重庆市绿色建筑设计标识银级要求。本次修订的主要技术内容包括：①细化了室内热环境计算参数；②更新了围护结构热工性能限值和冷热源能效限值；③增加了围护结构性能综合判断时的室内热环境计算参数；④在照明节能设计的基础上，增加了电梯、变压器等其他电气设备的节能设计要求；⑤增加了绿色建筑内容相关的包括节地、节水、节材、室内环境的技术条文要求，并对节能部分提出了更高要求。

2020 年，为贯彻落实绿色发展理念，推进绿色建筑高品质高质量发展，节约资源，保护环境，满足人民日益增长的美好生活需要，落实《关于完善质量保障体系提升建筑工程品质指导意见的通知》（国办函〔2019〕92 号）、《重庆市绿色建筑行动实施方案（2013—2020 年）》（渝府办发〔2013〕237 号）、《关于推进绿色建筑高品质高质量发展的意见》（渝建发〔2019〕23 号）等文件的有关要求，相关单位完成了对重庆市工程建设标准《居住建筑节能 65%（绿色建筑）设计标准》（DBJ50-071—2016）的修订工作，使其在达到建筑节能要求的同时，满足国家及重庆市基本级绿色建筑的要求。本次修订的主要内容包括：①调整了标准体系框架，按照专业进行章节划分；②增加了建筑、结构和景观专业相关的节能（绿色）设计；③更新了安全耐久、健康舒适、生活便利、资源节约和环境宜居等绿色建筑的技术条款要求；④更新和补充了围护结构材料的热物性能参数，围护结构中外墙、屋面、外窗和架空或外挑楼板的热工参数限值比现行行业标准《夏热冬冷地区居住建筑节能设计标准》（JGJ 134—2010）有所提升。

2023 年，为贯彻国家有关节约能源、保护生态环境、应对气候变化的法律法规，落实《中共中央 国务院关于完整准确全面贯彻新发展理念做好碳达峰碳中和工作的意见》（中发〔2021〕36号）、《国务院关于印发2030年前碳达峰行动方案的通知》（国发〔2021〕23号）和《重庆市人民政府办公厅关于推动城乡建设绿色发展的实施意见》（渝府办发〔2022〕79号）等文件要求，全面提升建筑能效水平，改善建筑室内环境，提高建筑工程质量，按照工程建设标准编制计划要求，标准编制组经广泛调查研究，认真总结实践经验，吸取科研成果，以及在广泛征求意见的基础上，完成了 DBJ50/T-451—2023 标准的编制工作。

1）《重庆市居住建筑节能设计标准》（DB 50/5024—2002）

《重庆市居住建筑节能设计标准》（DB 50/5024—2002）中指出条式建筑物的体形系数不应超过 0.35，点式建筑物的体形系数不应超过 0.40。该标准未考虑体形系数超过 0.40 的建筑物（表 4.13）。

表 4.13　《重庆市居住建筑节能设计标准》（DB 50/5024—2002）详情

围护结构部位	参数	
屋面	$K \leqslant 1.0$，$D \geqslant 3.0$	$K \leqslant 0.8$，$D \geqslant 2.5$
墙体	$K \leqslant 1.5$，$D \geqslant 3.0$	$K \leqslant 1.0$，$D \geqslant 2.5$
底面接触室外空气的架空或外挑楼板	$K = 1.5$	
分户墙	$K = 2.0$	
户门、分户楼板	$K = 3.0$	
外窗（含阳台门透明部分）、幕墙透明部分	窗墙面积比≤0.25	$K = 4.7$
	0.25＜窗墙面积比≤0.30	东、西 $K = 3.2$，南 $K = 4.7$
	0.30＜窗墙面积比≤0.35	$K = 3.2$
	0.35＜窗墙面积比≤0.45	$K = 2.5$
	0.45＜窗墙面积比≤0.50	$K = 2.5$

注：K 为传热系数，$W/(m^2 \cdot K)$；D 为热惰性指标。

2）50%设计标准及65%设计标准

《居住建筑节能50%设计标准》（DBJ50-102—2010）则根据《夏热冬冷地区居住建筑节能设计标准》（JGJ 134—2010）在原有标准上细分了不同体形系数和热惰性指标情况下的围护结构性能要求。同时，增加了外窗综合遮阳系数指标要求，而围护结构设计参数总体降低。

《居住建筑节能 65%（绿色建筑）设计标准》（DBJ50-071—2010）在参照《夏热冬冷地区居住建筑节能设计标准》（JGJ 134—2010）的基础上编制。《居住建筑节能 65%（绿色建筑）设计标准》（DBJ50-071—2016）和《居住建筑节能 65%（绿色建筑）设计标准》（DBJ50-071—2020）在达到建筑节能要求的同时，满足国家及重庆市基本级绿色建筑的要求。此外，《居住建筑节能 65%（绿色建筑）设计标准》（DBJ50-071—2016）将玻璃的遮阳系数（shading coefficient, SC）全面换为太阳得热系数（solar heat gain coefficient, SHGC）。

（1）屋面性能参数

从图 4.29 中可以看出，《居住建筑节能 65%（绿色建筑）设计标准》（DBJ50-071）比《居住建筑节能 50%设计标准》（DBJ50-102）指标有所下降，但三个版本的《居住建筑节能 65%（绿色建筑）设计标准》（DBJ50-071）对屋面传热系数指标要求没有变化，对屋面 K 值的要求是不超过 0.80W/(m²·K)。而且，在体形系数≤0.40、热惰性指标 D＜2.5，以及体形系数＞0.40、热惰性指标 D≥2.5 这两种情况下，4 个标准各自的指标要求相同。

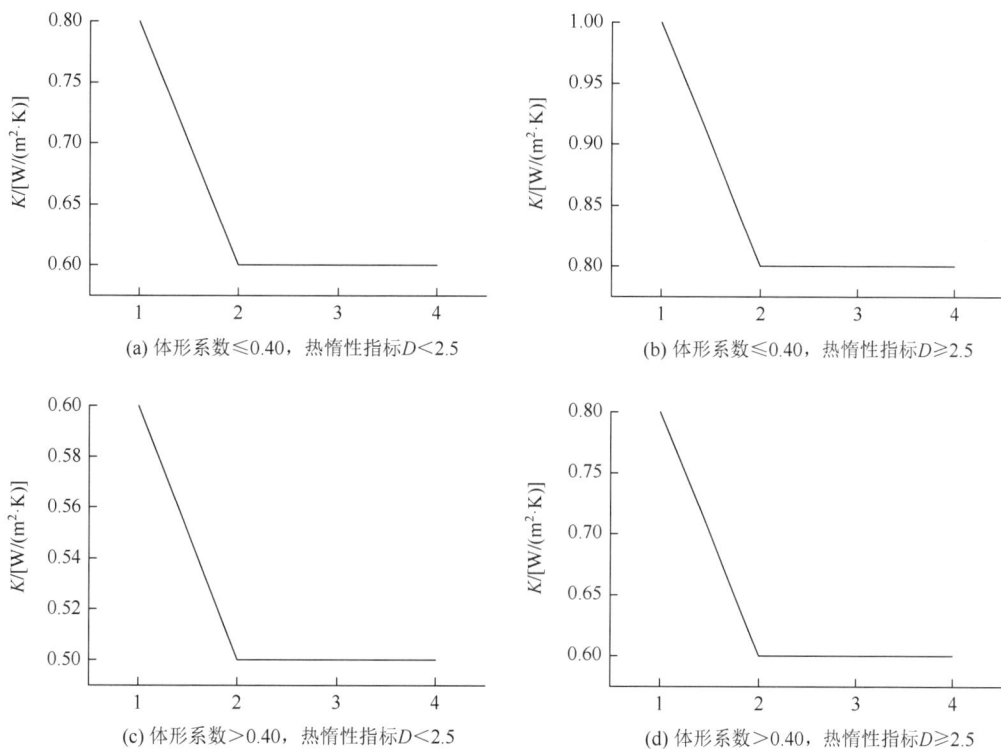

图 4.29　各标准中屋面传热系数变化

1 为 DBJ50-102—2010；2 为 DBJ50-071—2010；3 为 DBJ50-071—2016；4 为 DBJ50-071—2020

（2）外墙性能参数

从图 4.30 中可以看出，不同体形系数和热惰性指标，对外墙的传热系数有不同要求。《居住建筑节能 65%（绿色建筑）设计标准》（DBJ50-071）比《居住建筑节能 50%设计标准》（DBJ50-102）指标有所下降，且三个版本的节能要求《居住建筑节能 65%（绿色建筑）设计标准》（DBJ50-071）对外墙传热系数指标要求没有变化，对外墙 K 值的要求是不超过 1.2W/(m²·K)。

（3）分户楼板、分户墙、户门性能参数

从图 4.31 中可以看出，不同体形系数情况下，对分户楼板、分户墙、户门等传热系数的要求几乎没有差别，只有《居住建筑节能 65%（绿色建筑）设计标准》（DBJ50-071—2020）中楼板指标有差别。针对分户墙的指标要求，4 个标准没有差别。《居住建筑节能 65%（绿色建筑）设计标准》（DBJ50-071—2016）和《居住建筑节能 65%（绿色建筑）设计标准》（DBJ50-071—2020）对户门的传热性能指标要求相对增大。

(a) 体形系数≤0.40，热惰性指标D＜2.5

(b) 体形系数≤0.40，热惰性指标D≥2.5

(c) 体形系数＞0.40，热惰性指标D＜2.5

(d) 体形系数＞0.40，热惰性指标D≥2.5

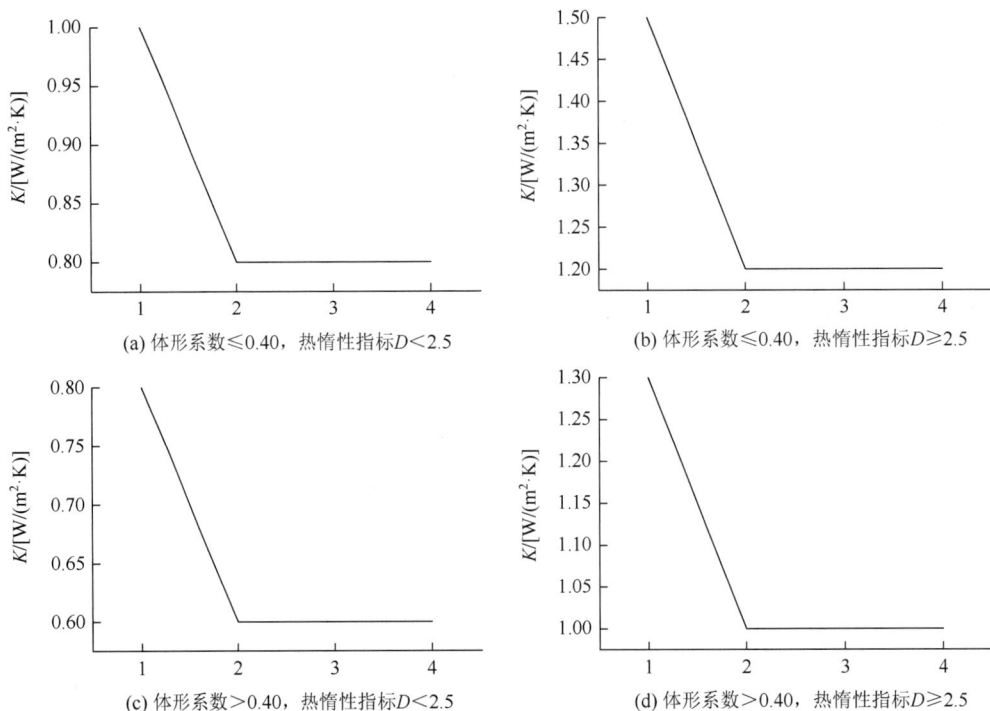

图4.30　各标准中外墙传热系数变化

1 为 DBJ50-102—2010；2 为 DBJ50-071—2010；3 为 DBJ50-071—2016；4 为 DBJ50-071—2020

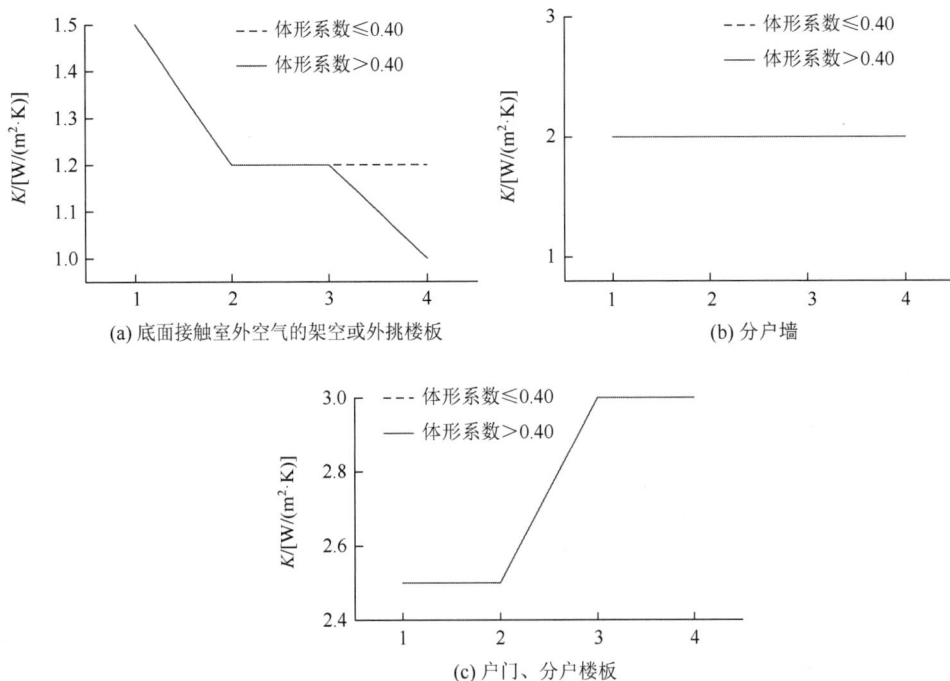

(a) 底面接触室外空气的架空或外挑楼板

(b) 分户墙

(c) 户门、分户楼板

图4.31　各标准中各传热系数变化

1 为 DBJ50-102—2010；2 为 DBJ50-071—2010；3 为 DBJ50-071—2016；4 为 DBJ50-071—2020

（4）外窗性能参数

从图 4.32 中可以看出，不同体形系数情况下，4 个标准对外窗传热系数的要求存在差别，但对外窗太阳得热系数的要求几乎没有差别。对于外窗传热系数，《居住建筑节能 65%（绿色建筑）设计标准》（DBJ50-071）比《居住建筑节能 50%设计标准》（DBJ50-102）指标有所下降，且三个版本的《居住建筑节能 65%（绿色建筑）设计标准》（DBJ50-071）对外墙传热系数指标要求没有变化。《居住建筑节能 65%（绿色建筑）设计标准》（DBJ50-071—2016）和《居住建筑节能 65%（绿色建筑）设计标准》（DBJ50-071—2020）对外窗的太阳得热系数指标要求相对降低。

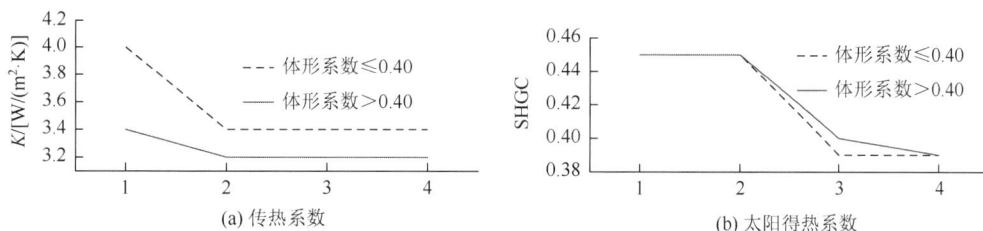

图 4.32　各标准中外窗传热系数、太阳得热系数变化
1 为 DBJ50-102—2010；2 为 DBJ50-071—2010；3 为 DBJ50-071—2016；4 为 DBJ50-071—2020

3）《近零能耗建筑技术标准》（DBJ50/T-451—2023）

2023 年实施的《近零能耗建筑技术标准》（DBJ50/T-451—2023）中也对居住建筑围护结构热工性能等作出了要求（表 4.14）。相对上述基本标准，其对各类围护结构设计参数的要求提高，体形系数不大于 0.40，但未对内部围护结构如楼板、分户墙等做出要求。外窗传热系数和太阳得热系数没有根据不同窗墙面积比进行不同的要求。此外，对冬季的太阳得热系数提出了不小于 0.4 的指标要求。

表 4.14　《近零能耗建筑技术标准》（DBJ50/T-451—2023）设计参数

围护结构部位	传热系数 K/[W/(m²·K)]	
	热惰性指标 $D<2.5$	热惰性指标 $D\geq2.5$
屋面	0.3	
墙体	0.6	0.8
外窗（包括玻璃幕墙）	2	
太阳得热系数 SHGC	冬季≥0.4，夏季≤0.3	

4.5.2　改造标准

2000 年，根据原建设部《关于印发 1993 年工程建设行业标准制订、修订项目计划（建设部部分第二批）的通知》（建标〔1993〕699 号）的要求，北京中建建筑设计院有限公司主编了《既有采暖居住建筑节能改造技术规程》[18]，该标准编号为 JGJ 129—2000，于 2001 年 1 月 1 日施行。

2012 年，根据原建设部《关于印发〈2006 年工程建设标准规范制订、修订计划（第一批）〉的通知》（建标〔2006〕77 号）的要求，规程编制组经广泛调查研究，认真总结实践经验，并在广泛征求意见的基础上，对《既有采暖居住建筑节能改造技术规程》（JGJ 129—2000）进行修订，发布了《既有居住建筑节能改造技术规程》（JGJ/T 129—2012）[19]（表 4.15）。

表 4.15   居住建筑节能改造标准内容演变

标准	编号	年份	主要内容
《既有采暖居住建筑节能改造技术规程》	JGJ 129	2000	1. 建筑节能改造的判定原则及方法； 2. 围护结构保温改造； 3. 采暖供热系统改造
《既有居住建筑节能改造技术规程》	JGJ/T 129	2012	1. 节能诊断； 2. 节能改造方案； 3. 建筑围护结构节能改造； 4. 严寒和寒冷地区集中供暖系统节能与计量改造； 5. 施工质量验收

之后，根据相关政策要求，陆续发布了居住建筑改造相关国家标准、行业标准、团体标准（表 4.16）。

表 4.16   居住建筑改造相关标准

标准	编号	年份	主要内容
《既有建筑绿色改造评价标准》[20]	GB/T 51141	2015	1. 规划与建筑； 2. 结构与材料； 3. 暖通空调； 4. 给水排水； 5. 电气； 6. 施工管理； 7. 运营管理； 8. 提高与创新
《既有建筑维护与改造通用规范》[21]	GB 55022	2021	1. 检查； 2. 修缮； 3. 改造
《既有社区绿色化改造技术标准》[22]	JGJ/T 425	2017	1. 诊断； 2. 策划； 3. 规划与设计； 4. 施工及验收； 5. 运营及评估
《既有建筑绿色改造技术规程》	T/CECS 465	2017	1. 评估与策划； 2. 规划与建筑； 3. 结构与材料； 4. 暖通空调； 5. 给水排水； 6. 电气； 7. 施工与调试
《城市旧居住区综合改造技术标准》	T/CSUS 04	2019	1. 室外环境； 2. 道路与停车； 3. 配套设施； 4. 房屋； 5. 建筑结构； 6. 建筑设备； 7. 施工与验收

标准	编号	年份	主要内容
《既有居住建筑低能耗改造技术规程》	T/CECS 803	2021	1. 诊断评估； 2. 改造设计； 3. 施工验收； 4. 运行维护

为贯彻落实《国务院办公厅关于转发发展改革委住房城乡建设部绿色建筑行动方案的通知》（国办发〔2013〕1 号）、《重庆市人民政府办公厅关于印发〈重庆市绿色建筑行动实施方案（2013—2020 年）〉的通知》（渝府办发〔2013〕237 号）、住房和城乡建设部《关于推进夏热冬冷地区既有居住建筑节能改造的实施意见》（建科〔2012〕55 号）等文件要求，重庆市也发布了居住建筑改造相关标准（表 4.17）。

表 4.17　重庆市居住建筑改造相关标准

标准	编号	年份	主要内容
《既有居住建筑节能改造技术规程》[23]	DBJ50/T-248	2016	1. 节能改造诊断； 2. 节能改造方案； 3. 围护结构节能改造； 4. 供暖、通风和空调及生活热水供应系统节能改造； 5. 电力与照明系统节能改造； 6. 节能改造后评估
《既有民用建筑外门窗节能改造应用技术标准》	DBJ50/T-317	2019	1. 节能诊断； 2. 节能改造； 3. 效果评估
《老旧小区改造提升建设标准》[24]	DBJ50/T-376	2020	1. 室外环境； 2. 房屋建筑； 3. 配套基础设施； 4. 社区服务设施与社区管理； 5. 施工与验收
《居住建筑改造工程安全防护技术标准》[25]	DBJ50/T-478	2024	1. 施工区管理； 2. 改造工程安全； 3. 施工现场安全防护； 4. 消防安全； 5. 应急预案

4.6　居住建筑改造技术

4.6.1　围护结构改造

1. 外墙[26, 27]

1）外墙外保温

外墙外保温系统由黏结层、保温层、防护层和必要的涂料层或饰面层组成。在夏热冬冷地区，需改造的居住建筑大多为砖混结构，该结构热容量大，蓄热能力好，室内温度相对稳定。

外保温改造应保证外保温工程隔热保温性能的长期稳定性、安全可靠性、耐久性。目前，市场上推广应用的外保温技术系统较多，如挤塑聚苯乙烯、模塑聚苯乙烯、硬泡聚氨酯、酚醛泡沫板、岩棉板、发泡水泥板、聚苯颗粒砂浆预制板等。常用的外墙节能改造方案包括：膨胀聚苯板薄抹灰外墙外保温系统、挤塑聚苯板薄抹灰外墙外保温系统、岩棉板薄抹灰外墙外保温系统、改性发泡水泥保温板外墙外保温系统。

研究发现，相比无节能措施，增加外墙节能措施的节能效果显著：夏季的节能率为7.9%，冬季的节能率达到了35.3%，总能耗节能率为20.7%。

2）外墙内保温

外墙内保温技术与外墙外保温技术类似，是将起隔热作用的保温材料在建筑物外墙内侧作为保温层，以实现建筑物保温节能的效果。与外保温体系相比，外墙内保温施工方便，对建筑物外墙的垂直度要求不高。同时，外墙内保温对于外墙装修的影响较小。

2. 屋面[26, 27]

1）增加保温层

修整原屋面防水层，增加保温层。在原有屋面构造上加建保温层，倒置式保温屋面做法是将保温层放置在防水层之上，这样不仅能够有效防止保温层内部结露，而且其热稳定性好，能起到良好的保温隔热效果。因此对此类屋顶的改造多采用倒置式外保温结构体系。

常见屋面保温系统包括现浇泡沫混凝土屋面保温系统、挤塑聚苯乙烯泡沫板屋面保温系统。

研究发现，相比无节能措施，增加屋面节能措施的节能效果较好：夏季节能率为5.2%，冬季节能率为12.3%。

2）平改坡

将原有平屋面改为坡屋面，并在屋面内置保温隔热材料，这样不仅可以提高屋面的热工性能，还能提供新的使用空间。

3）通风架空屋面

在原屋面上直接设置屋面保温层和通风隔热层，形成架空屋面，这样不但可以隔热，还可以防止屋顶的混凝土层在热应力作用下产生龟裂，同时延长了建筑屋顶的使用年限。架空屋面通风隔热层设于屋面防水层上，架空层内的空气可以自由流通，其隔热原理是：一方面利用架空的面层遮挡直射阳光；另一方面架空层内被加热的空气与室外冷空气产生对流，将层内的热量源源不断地排走，从而达到降低室内温度的目的。通风隔热层通常用砖、瓦、混凝土等材料及制品制作，其中最常用的是砖墩架空混凝土板（或大阶砖）。

4）种植屋面

种植屋面是集环保、生态、节能为一体的绿色工程。在平屋顶上种植植物，借助栽培介质隔热，以及植物吸收阳光进行光合作用和植物遮挡阳光的双重功效来达到降温隔热的目的。根据屋顶的实际情况可以选择无土种植或覆土种植。

3. 外窗[26, 27]

1）窗扇改造

在窗框完整的情况下，优先采用窗扇改造。该方法噪声小，造价较低，施工较快，不易造成渗漏隐患，不影响室内装修，是外窗改造首选方案。

采用铝合金型材的外窗改造，可直接更换窗扇，原窗框可继续使用。

研究发现，相比无节能措施，增加外窗节能措施的节能效果为：夏季制冷节能率为26.8%，冬季采暖节能率为26.8%。

2）加窗改造

加窗改造适用于外窗不宜改动，且窗台具有足够宽度的情况。加窗改造时，宜选择增设内窗，且不能造成渗漏隐患。虽然内侧加窗改造成本较高，但其施工方便。

3）整窗改造

整窗改造适用于窗框破烂、严重变形、无法继续使用的情况。该方法影响室内环境与装修，窗墙间有渗漏隐患，且改造成本较高。

4）遮阳改造

根据遮阳设施所处位置的不同，可分为玻璃或透明材料自身遮阳、外遮阳、内遮阳等，且外遮阳效果优于内遮阳。在对既有居住建筑进行节能改造时，增加内遮阳需要入户操作，对原有室内装修会造成一定的破坏。另外，住户一般都会自行安装室内窗帘以增加私密性，因此改造时应以增加外遮阳设施为主。

研究发现，相比无节能措施，增加遮阳节能措施的节能效果为：全年累计建筑冷负荷指标比初始建筑下降了31.6%。

4.6.2　供暖、通风和空调及生活热水供应系统节能改造

1. 供暖、通风和空调系统

供暖、通风和空调设备更新时，选用高效的节能设备和方便调节的空调系统，有利于空调节电。供暖和空调系统应具有运行控制功能，满足部分空间和部分时间的使用要求。

2. 生活热水供应系统

（1）家用燃气热水器、储水式电热水器设备更新时，选用高效设备。

（2）有热水系统改造需求的既有居住建筑，经技术经济分析合理时，应采用太阳能热水系统。太阳能热水系统是利用太阳能集热器采集太阳热量，将采集到的热量传输到大型储水保温水箱中，加热水箱中的水，以提供生产和生活用热水。

（3）既有居住建筑热水系统改造还可采用空气能热水器。其工作原理是采用少量的电能驱动压缩机运行，高压的液态工质经过膨胀阀后在蒸发器内蒸发为气态，并从空气中吸收大量的热能。以相同的热水制造量为基准，与电热器热水器相比，空气能热水器可以最大化地节约电能。

（4）生活热水供应系统应设有供水温度可调的温度自控装置。

4.6.3　照明、电梯系统节能改造

1. 照明系统

（1）应采用 LED 等节能灯具替代非节能灯具。

（2）在可降低室内背景照度的场合，应减小背景照明灯的功率。

（3）有天然采光的楼梯间或走道，除应急照明外，其照明应采用节能自熄开关。

2. 电梯系统

电梯系统节能改造宜采用能量回馈装置。

参 考 文 献

[1]　李保峰. 适应夏热冬冷地区气候的建筑表皮之可变化设计策略研究[D]. 北京: 清华大学, 2004.

[2]　中华人民共和国城乡建设环境保护部. 民用建筑节能设计标准(采暖居住建筑部分): JGJ 26—1986[S]. 北京: 中国建筑工业出版社, 1986.

[3]　中华人民共和国建设部. 民用建筑节能设计标准(采暖居住建筑部分): JGJ 26—1995[S]. 北京: 中国建筑工业出版社, 1995.

[4]　中华人民共和国建设部. 夏热冬冷地区居住建筑节能设计标准: JGJ 134—2001[S]. 北京: 中国建筑工业出版社, 2001.

[5]　中华人民共和国建设部. 夏热冬暖地区居住建筑节能设计标准: JGJ 75—2003[S]. 北京: 中国建筑工业出版社, 2003.

[6]　中华人民共和国建设部, 中华人民共和国国家质量监督检验检疫总局. 绿色建筑评价标准: GB/T 50378—2006[S]. 北京: 中国建筑工业出版社, 2006.

[7]　中华人民共和国住房和城乡建设部. 绿色建筑评价标准: GB/T 50378—2014[S]. 北京: 中国建筑工业出版社, 2014.

[8]　中华人民共和国住房和城乡建设部. 绿色建筑评价标准: GB/T 50378—2019[S]. 北京: 中国建筑工业出版社, 2019.

[9]　中华人民共和国住房和城乡建设部. 近零能耗建筑技术标准: GB/T 51350—2019[S]. 北京: 中国建筑工业出版社, 2019.

[10]　中华人民共和国住房和城乡建设部. 建筑节能与可再生能源利用通用规范: GB 55015—2021[S]. 北京: 中国建筑工业出版社, 2021.

[11]　中华人民共和国住房和城乡建设部. 夏热冬冷地区居住建筑节能设计标准: JGJ 134—2010[S]. 北京: 中国建筑工业出版社, 2010.

[12]　重庆市技术监督局, 重庆市建设委员会. 重庆市居住建筑节能设计标准: DB 50/5024—2002[S]. 2002.

[13]　重庆市城乡建设委员会. 居住建筑节能 50%设计标准: DBJ50-102—2010[S]. 2010.

[14]　重庆市城乡建设委员会. 居住建筑节能 65%(绿色建筑)设计标准: DBJ50-071—2010[S]. 2010.

[15]　重庆市城乡建设委员会. 居住建筑节能 65%(绿色建筑)设计标准: DBJ50-071—2016[S]. 2016.

[16]　重庆市住房和城乡建设委员会. 居住建筑节能 65%(绿色建筑)设计标准: DBJ50-071—2020[S]. 2020.

[17]　重庆市住房和城乡建设委员会. 近零能耗建筑技术标准: DBJ50/T-451—2023[S]. 2023.

[18]　中华人民共和国建设部. 既有采暖居住建筑节能改造技术规程: JGJ 129—2000[S]. 北京: 中国建筑工业出版社, 2000.

[19]　中华人民共和国住房和城乡建设部. 既有居住建筑节能改造技术规程: JGJ/T 129—2012[S]. 北京: 中国建筑工业出版社, 2012.

[20]　中华人民共和国住房和城乡建设部. 既有建筑绿色改造评价标准: GB/T 51141—2015[S]. 北京: 中国建筑工业出版社, 2016.

[21] 中华人民共和国住房和城乡建设部. 既有建筑维护与改造通用规范: GB 55022—2021[S]. 北京: 中国建筑工业出版社, 2021.

[22] 中华人民共和国住房和城乡建设部. 既有社区绿色化改造技术标准: JGJ/T 425—2017[S]. 北京: 中国建筑工业出版社, 2017.

[23] 重庆市城乡建设委员会. 既有居住建筑节能改造技术规程: DBJ50/T-248—2016[S]. 2016.

[24] 重庆市住房和城乡建设委员会. 老旧小区改造提升建设标准: DBJ50/T-376—2020[S]. 2020.

[25] 重庆市住房和城乡建设委员会. 居住建筑改造工程安全防护技术标准: DBJ50/T-478—2024[S]. 2024.

[26] 兰勇. 重庆地区居住建筑外围护结构节能技术研究[D]. 重庆: 重庆大学, 2008.

[27] 丁晓红, 胡海洪. 夏热冬冷地区既有居住建筑围护结构节能改造技术浅析[J]. 建设科技, 2015(9): 68-69.

本章作者：重庆大学　　丁勇，聂珊珊，彭越源，刘苏萌

第5章 城乡建设绿色低碳发展案例

5.1 重庆东站片区绿色低碳人居环境营造技术框架

我国相继出台了一系列关于低碳发展的政策。《成渝地区双城经济圈碳达峰碳中和联合行动方案》[1]、《重庆市住房和城乡建设科技"十四五"规划（2021—2025 年）》[2]、《重庆市城乡建设领域碳达峰实施方案》[3]亦提出了在城乡规划建设管理各环节全面落实绿色低碳的要求，转变城乡建设发展方式，建设优化城市城区绿色空间体系，大力推动轨道交通 TOD 综合开发，优化城市用能结构，推进绿色低碳建造，推进国家低碳城市试点和气候适应型城市建设试点。

重庆东站（图 5.1）是重庆市新建的最大综合交通枢纽，以"站城融合、城轨融合、景城融合"为指导思想，打造集工作、商业、文化、教育、居住、旅游等功能于一体的"TOD 之城"。重庆东站片区的建设有效推动了"双碳"和"城建绿色发展"政策的落地。

图 5.1　重庆东站整体鸟瞰效果图

5.1.1 空间多尺度下的研究框架构建

围绕重庆东站片区绿色低碳人居环境建设现状和特点，充分吸收政策意见，从宏观、中观、微观空间多尺度构建研究框架（图 5.2）。

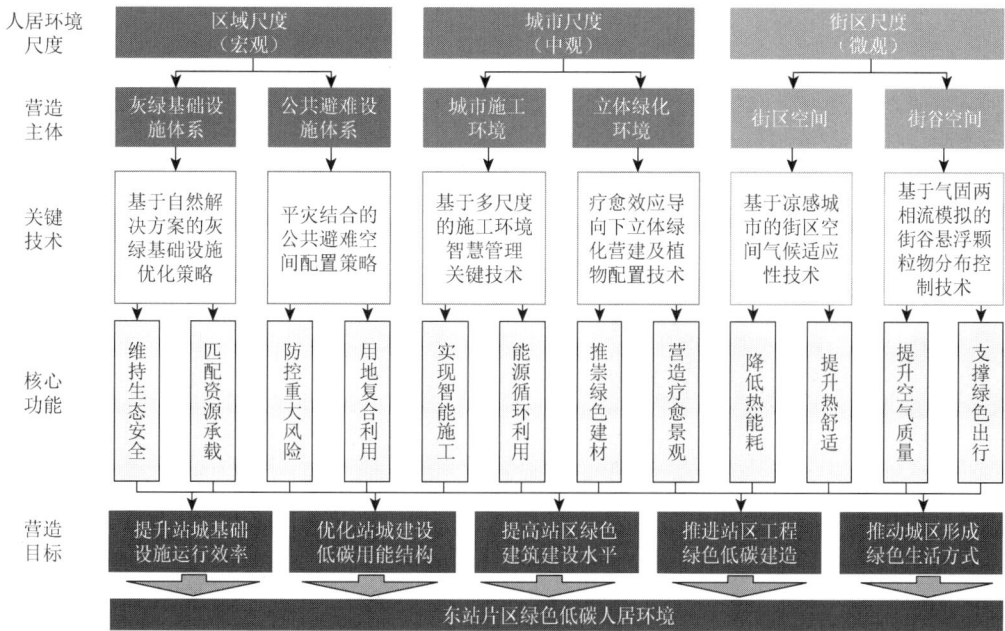

图 5.2　重庆东站片区绿色低碳人居环境营造路径

1. 宏观：区域尺度的人居环境

1）灰绿基础设施体系

灰绿基础设施是一种将传统的灰色基础设施（道路、桥梁、铁路、管道及其他确保经济正常运作所必需的市政基础设施）和绿色基础设施（河流、林地、绿色通道、公园、保护区、农场、牧场和森林，以及维系天然物种、保持自然的生态过程、维护空气和水资源并对人民健康和生活质量有所贡献的荒野及其他开放空间组成的互通网络）相结合的新型基础设施[4]。

许多发达国家在 20 世纪 80 年代前后就已基本完成了城镇化进程，灰色基础设施已基本完善。但随着全球气候变化及工业化带来的对生态环境的影响，人们意识到仅仅依赖灰色基础设施的纯工程做法，不能完全解决生态环境问题，还容易导致过度工程化，加重政府的财政包袱[5]。随着各国对城市水生态环境问题复杂性和多元目标的认识不断地深化，美国的低影响开发（low impact development，LID）和绿色基础设施（green infrastructure，GI）、澳大利亚的水敏感城市设计（water sensitive urban design，WSUD）、英国的可持续城市排水系统（sustainable urban drainage systems，SUDS）、德国的分散式雨水管理系统、新加坡的 ABC 水计划（active，beautiful，clean waters programme）等理念应运而生。尽管各国的术语不同，但做法是相似的，都是通过灰绿设施的结合来应对环境挑战。例如，北京大兴国际机场雨水收集系统（图 5.3），采取多种措施减小雨水外排径流，最大限度回补地下水[6]。

2）公共避难设施体系

应急避难场所是指在应急响应突发事件时，为人员疏散和避难生活提供应急避难生活服务设施的一定规模的场地或建筑。公共避难场所既包括公园、绿地、广场、学校操场等场地，也包括地下空间（含人民防空工程）、体育场馆、学校教室等建筑。

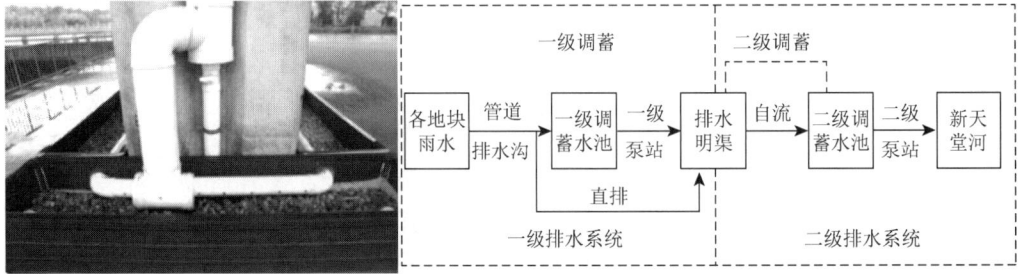

图 5.3　北京大兴国际机场净水花箱装置与机场全场雨水排水模式[6]

随着工业化、城镇化持续推进，我国中心城市、城市群迅猛发展，人口、生产要素更加集聚，产业链、供应链、价值链日趋复杂，生产生活空间高度关联，各类承灾体暴露度、集中度、脆弱性大幅增加。重庆东站片区作为重庆中心城区的重要公共交通枢纽和场所，应加强重大灾害事故防范准备、抢险救援、过渡安置。充分利用重庆东站片区公共服务设施和场地空间资源，推动片区科学合理规划，高标准建设应急避难场所，发挥转移避险、安置受灾群众、稳定社会的重要作用，是重庆东站片区防灾减灾基础设施的重要一环[7, 8]。

2. 中观：城市尺度的人居环境

1）城市施工环境

施工环境智慧管理是一种将人工智能、物联网、大数据等技术应用于建筑施工环境管理的新型管理模式。智慧工地通过监测、监控和预警等手段有效控制施工现场的扬尘和噪声污染，提高施工效率，节约能源资源，并减少环境污染。同时，通过应用信息化技术，还可以解决信息不对称的问题，实现建筑工地施工现场环境污染防治的精细化管理，有效提升建筑工程的质量安全水平，并为建筑行业的可持续发展提供新的思路和方法。中国移动（成都）产业研究院科研枢纽工程项目搭建了 BIM 5D＋智慧工地系统（图 5.4），通过网络有效集成施工现场的系统和设备，将项目生产和管理过程中的各项数据实时汇总到数据中心，为项目管理人员全面掌握项目进展提供了可视化的信息[9]。

随着国家经济和道路交通的快速发展，市政工程及民用建筑大规模开建，与此同时，社会经济的发展对自然环境也造成了大量污染。城市建筑施工常具有周期长、体量大、从业人员多等特点，施工期间的噪声、扬尘等污染会给城市环境和作业人员带来巨大的损害[10]。重庆东站作为重庆市的重点建设项目，关系到国计民生，其秉承"国际化、绿色化、智能化、人文化"理念，突出生态环境保护，奠定生态文明建设基础，利用施工环境智慧管理关键技术，加快建设并达到现代城市总体要求。

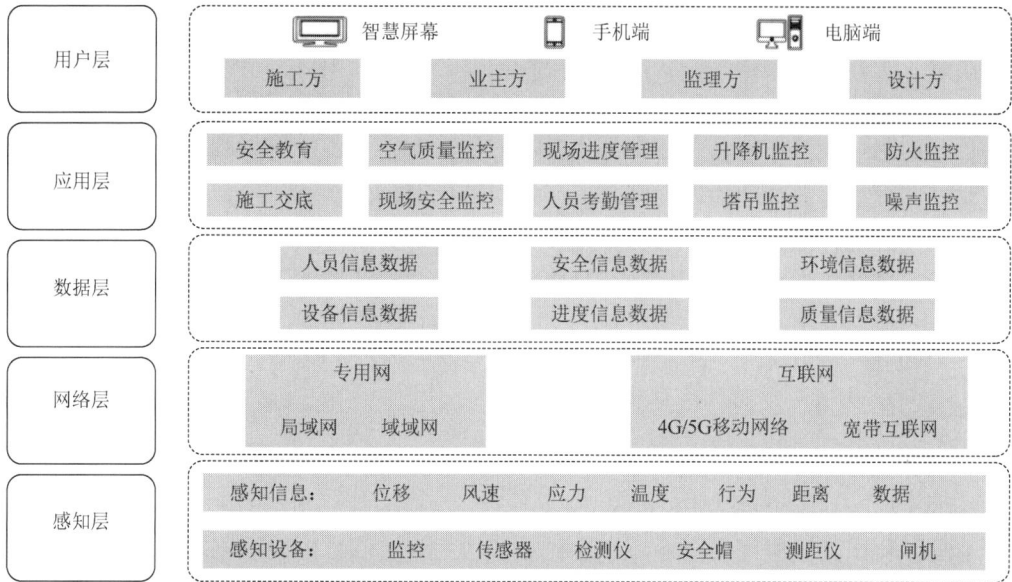

用户层	
应用层	
数据层	
网络层	
感知层	

图 5.4　中国移动（成都）产业研究院科研枢纽工程项目 BIM 5D ＋ 智慧工地系统架构[9]

2）立体绿化环境

立体绿化是地面绿化和垂直绿化相结合的总称。立体绿化充分利用了空间，避免了土地资源的浪费，同时通过各种植物配置营造出优美环境。它是一种现代城市绿化方式，能在增加绿化覆盖率、减少用地面积的情况下改善环境的绿化。立体绿化的最大特点在于可以将绿化从平面转变为空间，丰富城市建筑的形状和轮廓，同时丰富市民的视野[11]。新加坡樟宜机场（图 5.5）中的"星耀樟宜"，打破了航站楼钢筋水泥的现代外观设计理念，营造了一种绿色、生机的氛围感，表达了人与自然有机融合的发展理念。

图 5.5　"星耀樟宜"实景图

　　随着城市建设的发展，立体绿化成为增加城市绿量、改善生态环境的有效措施。我国各大城市都在推动立体绿化发展，并出台相关政策予以支持。重庆作为典型的山区城市，受高切坡、边坡、挡土墙、轨道交通柱和山崖等地理条件制约，加之土壤贫瘠、水源匮乏、肥力低下，使得传统景观设计难以实现。因此，重庆市采用垂直绿化形式，利用陡坡、屋顶、建筑物和构筑物等垂直面增加绿化面积。目前，垂直绿化成为重庆市园林的特色和亮点，主要应用于边坡、屋顶、平台、桥梁结构和墙体等多种场景。重庆东站片区的立体绿化设计因地制宜，充分体现重庆山城独特的地形特征，塑造良好的城市形象[12]。

3. 微观：街区尺度的人居环境

1）街区空间

　　街区空间一词源于英文中的"block space"，最初的意思是指四面临街的建筑群。随着概念的深化，街区空间现指由城市主干道或次主干道围合形成的街坊群，即通常以城市道路或其他具有空间划分作用的要素（如河流、围墙、绿化隔离带等）为划分依据而围合形成的城市区域，也可以是由规划管理部门指定的区域[13]。街区空间是构成城市空间的基本单元，也是组成城市空间肌理的细胞，它并不是一个简单的由城市道路界定而成的城市区域，而是以人为本、综合、开放的人性化场所，汇聚了公共、工作、家庭、私人等诸多日常生活要素[14]。街区空间结合不同的居民活动类型，为人们提供相互交流的生活场所，其主要构成要素为自然空间、交通空间与建成空间。

　　街区空间的设计和规划对城市的发展和居民的生活质量有着重要的影响。良好的街区空间设计可以提高城市居民的生活满意度，促进社会交流和文化融合，还可以提高城市的经济活力和竞争力。尽管人们的居住空间和小区的环境不断改善，但密集的住宅条件仍不能充分保证居民的身心健康[15]。因此，重庆东站片区街区空间规划统筹考虑不同功能需求和使用习惯，兼顾交通、建筑和公共空间等要求，同时注重生态环保和可持续发展，以推进站区工程绿色低碳化建造。

2）街谷空间

　　街谷空间是指由高楼大厦或山脉等自然或人造的垂直环境形成的狭长道路或谷道。在这种空间中，空气流动、气温、湿度、太阳辐射等因素都受到垂直环境的影响。因此，街谷空间的气候和环境条件与周围环境有很大的差异。在城市环境中，街谷空间是重要的微气候单元，对城市的热岛效应、气象灾害和城市生态环境等方面都具有重要的影响。相关研究表明，街谷内部污染物的扩散强烈依赖于街谷的空间形态。根据街谷空间形态的构成，街道高宽比（H/W）、街道长高比（L/H）、两侧建筑高度比（H_2/H_1）是影响街谷气流及污染物扩散、稀释的主要因素。除此之外，建筑屋顶形式、天空可视系数（sky view factor，SVF）、地面植被、外部环境等，对街谷空间内的气流和污染物扩散都有一定的影响[16]。如图 5.6 所示的重庆三峡广场步行街通过提升界面平整度优化北面南开步行街的界面，同时提高街谷空间通透性以增强通风效果[17]。

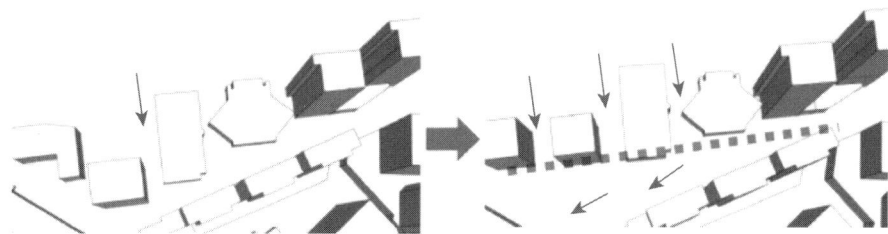

图 5.6　重庆三峡广场步行街通过提升界面平整度优化街谷空间[17]

重庆东站片区街谷空间的设计也非常重要,需要考虑周边建筑物的高度和布局,以及交通流线和人行活动的需求。合理的街谷空间设计可以创造出安全、舒适、宜人的城市环境,提高居民的生活质量和幸福感。同时,街谷空间也是城市文化的重要载体,可以展示城市的历史、文化和风貌,是城市形象的重要组成部分。

5.1.2　绿色低碳人居环境关键营造技术

1. 宏观尺度的关键营造技术

1）基于自然解决方案的灰绿基础设施优化策略

针对当前气候变化背景下重庆东站片区城市发展与生态环境特征,以维持生态安全、匹配资源承载为目标,开展基于自然解决方案的灰绿基础设施优化策略研究。

核心功能主要聚焦在两个方面。一是维持生态安全,通过削减雨水径流和降低面源污染缓解交通枢纽带来的空气污染,利用自然系统减缓径流速度并使其渗入地下水体,维持重庆东站片区的自然循环模式。二是匹配资源承载,通过有效衔接山水林田湖草等自然资源要素,彰显生态过程中自然资源的内在价值,优化服务价值位序,实现生态要素的空间调配和总量调控,促进自然资源空间的高效合理配置,保障自然资源资产增值,同时提供物种栖息地。

2）平灾结合的公共避难空间配置策略

针对多灾种叠加的风险问题,基于应急避难空间服务半径及需求研究,以防控重大风险、用地复合利用为营造目标,开展平灾结合的公共避难空间配置策略研究。

核心功能主要聚焦在两个方面。一是防控重大风险,重庆东站片区公共避难空间配置不仅要考虑自然灾害（如地震、火灾、洪涝）,还要考虑突发公共卫生事件等人为灾害的应急需求。二是用地复合利用,利用大型城市绿地（如楔形绿地、带状绿地等）建设生态绿廊,利用自然水体和人工水体建设生态水廊。小型城市绿地（如社区微绿地）可作为防疫临时空间,既为基层防控工作提供支持,又优化社区通风环境,同时为居民提供健身与滨水休闲空间,有效促进居民身心健康。

2. 中观尺度的关键营造技术

1）基于多尺度的施工环境智慧管理关键技术

针对当前建设工程安全文明施工背景下的重庆东站片区房屋建筑和市政基础设施建

设，致力于科技创新、减少资源浪费、实现绿色发展，开展基于多尺度下的施工环境智慧管理关键技术策略研究。

核心功能主要聚焦在两个方面。一是实现智能施工，建立重庆东站片区智慧工地管理平台，实现建筑工程全生命周期内现场环境数据的采集、传输、存储、分析及处理等功能，以提升建筑工程项目的整体管理水平。通过实时监控和远程控制实现扬尘、噪声等污染的实时监测与预警，对施工现场进行全面、实时、动态管理。二是能源循环利用，通过循环利用建筑垃圾和建筑材料，有效减少施工过程对环境的污染。重庆东站片区采用先进能源循环利用技术，分类收集建筑垃圾，并通过设备处理和回收废弃物，实现施工现场资源的有效利用。

2）疗愈效应导向下立体绿化营建及植物配置技术

针对当今城市土地资源浪费问题，以改善环境和绿化为目标，聚焦城市生态功能提升、生态安全保障及可持续发展能力建设，开展疗愈效应导向下立体绿化营建及植物配置技术研究。对植物的固碳、护坡、降温、滞尘、防火、降噪等生态功能进行综合分析[18]，从高效复合功能植物筛选、低碳目标下的绿化配置应用、不同空间营造需求分析等方面提出有效的立体绿化营建策略。

核心功能主要聚焦在两个方面。一是营造疗愈景观，通过调查重庆东站片区现状和已有资源的利用情况，根据实际情况进行合理的空间设计。建立立体绿化系统以增加绿地面积和植被覆盖率，通过营造疗愈景观，有效降低城市气温并减少噪声污染，同时植物吸收大量有害气体、吸附尘土颗粒，能改善空气质量。二是推广绿色建材，在立体绿化营建中采用绿色建材，如竹木材、生态砖、绿色涂料等，这些材料具有资源可持续性、易于再生利用等特点，能降低建筑物的热损失，提升保温与防水性能。推广绿色建材不仅可以提高建筑物的环保性能和可持续发展能力，还能促进相关领域的技术创新和产业升级。

3. 微观尺度的关键营造技术

1）基于凉感城市的街区空间气候适应性技术

为了应对日益严峻的城市热岛效应和高温天气的挑战，提高城市舒适度和居民健康水平，以凉感城市为目标，通过对街区空间气候适应性技术的探索，提出一系列切实可行的解决方案。

核心功能主要聚焦在两个方面。一是降低热能耗，通过增加绿色植物的覆盖面积，可有效地降低周围环境的温度，减少建筑物所需的冷却负荷。同时，绿色植物还可以吸收空气中的有害物质，提升空气质量，增加城市绿地和水体的比例，有效吸收和储存热量，减缓周围环境的温度上升。二是提升热舒适度，街区中建筑物的设计应注重通风，以增加室内空气流动。可利用地形优势和气流路径，在城市街区中形成微风通道，实现自然通风和降温的效果[19]。也可使用高反射材料，如白色瓷砖和浅色沥青，将太阳能反射回大气中，以减少建筑和路面的热吸收。

2）基于气固两相流模拟的街谷悬浮颗粒物分布控制技术

在城市热岛效应日益凸显的背景下，以改善城市街区空间气候为目标，开展基于气固两相流模拟的街谷悬浮颗粒物分布控制技术研究，从流体动力学、颗粒物物理特性、环境监测等方面提出有效的街谷空间气候适应性控制策略。

核心功能主要聚焦在两个方面。一是提升空气质量，通过模拟不同街谷形态、交通流量等因素对流体动力学特性的影响，探究最佳的街谷空间气候适应性控制策略，以达到优化街谷空气质量的目的。二是支撑绿色出行，利用气固两相流模拟技术，准确掌握街谷悬浮颗粒物的分布情况，针对不同的污染程度进行分析和控制，以降低街谷空气中颗粒物的浓度，保障人民群众的健康。通过优化交通组织，合理规划道路布局和信号控制，减少交通拥堵，降低机动车在行驶过程中产生的悬浮颗粒物。

5.1.3　结论

在"双碳""城建绿色发展""站城一体化发展"背景下，针对重庆东站片区人居环境发展面临的绿色低碳需求，提出"1+N"营造框架和技术专项的绿色低碳人居环境营造路径，深入探索全周期、跨尺度、多要素的重庆东站片区绿色低碳人居环境营造技术框架，营造美好人居环境，实现城市可持续发展，并为后续研究工作提供借鉴思路。

5.2　高星级绿色商务楼宇项目解析

为贯彻落实"创新、协调、绿色、开放、共享"的发展理念，深入推进重庆市绿色建筑创建行动，着力解决绿色建筑发展中面临的"重数量、轻品质、重设计、轻运营"等问题，金科总部大楼以"绿色策划、绿色设计、绿色采购、绿色施工、绿色运营"五个"绿色"为主线，将绿色建筑的理念、方法及技术体系贯穿全过程，制定了系统的解决方案和可落地的技术路线，打造重庆地区具有影响力的高性能绿色建筑项目。

5.2.1　工程概况

金科总部大楼位于重庆市两江新区，是金科集团总部自用的办公大楼，其建筑面积5.68 万 m^2，建筑高度 142.05m（32 层），为大型超高层公共建筑。该项目自 2013 年立项，2018 年 1 月完成规划设计，2021 年正式运行。自策划伊始，该项目全过程践行绿色建筑开发和运维标准，先后获得铂金级（三星级）绿色建筑设计标识和运营标识，是目前重庆市首个获得铂金级标识（运行）的超高层公共建筑项目（图 5.7）。

5.2.2　技术体系

金科总部大楼项目绿色建筑技术体系见图 5.8。立项之初，企业深刻意识到项目作为自用的办公大楼和自持运营的高端物业载体，承载着企业实践、引领地方绿色建筑发展

图 5.7　金科总部大楼项目实景图

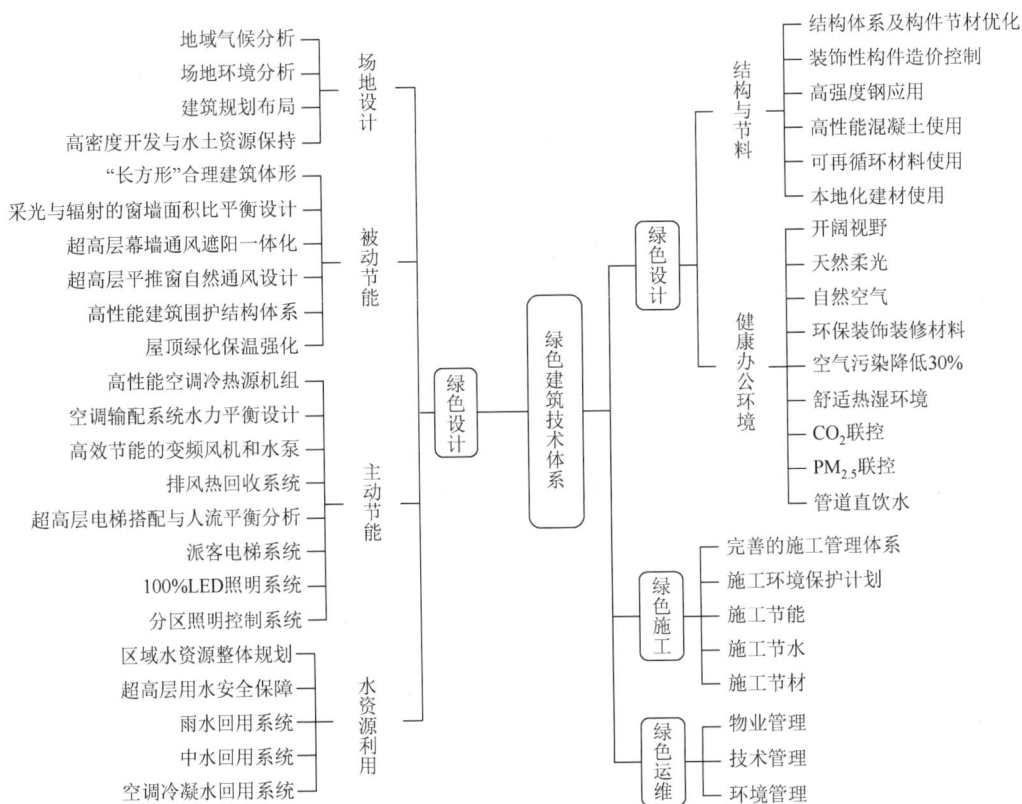

图 5.8　金科总部大楼项目绿色建筑技术体系

的期望，以及为企业员工提供健康舒适办公空间的美好愿望。项目遵循"绿色、健康、以人为本"的设计理念，结合气候特点及场地条件，前期充分分析项目在绿色建筑方面存在的难点与冲突点，因地制宜地制定了绿色建筑从策划、设计、采购、施工到运营的系统性绿色建筑解决方案和技术路线。

该项目从绿色设计、绿色施工及绿色运维三个维度，提出了建筑自然通风、建筑派客电梯系统、建筑室内综合环境、建筑智慧技术运行、建筑 BIM 技术应用、非传统水源利用、绿色施工组织、绿色运营管理等具体措施，强化绿色技术落地管控，并制定资源管理、智慧管理、环境保护等物业制度及措施，确保项目绿色、健康、高效地智慧化运行，塑造了更舒适、更健康的办公环境。

5.2.3　亮点技术

1. 屋顶空中花园

为营造良好的室外观景平台，在建筑 30 层屋顶打造空中花园，种植低灌植物（如迎客松、枫叶、月季等）及佛甲草、草坪等地被植物，设置多套休闲座椅供建筑使用者休憩，实景图如图 5.9 所示。

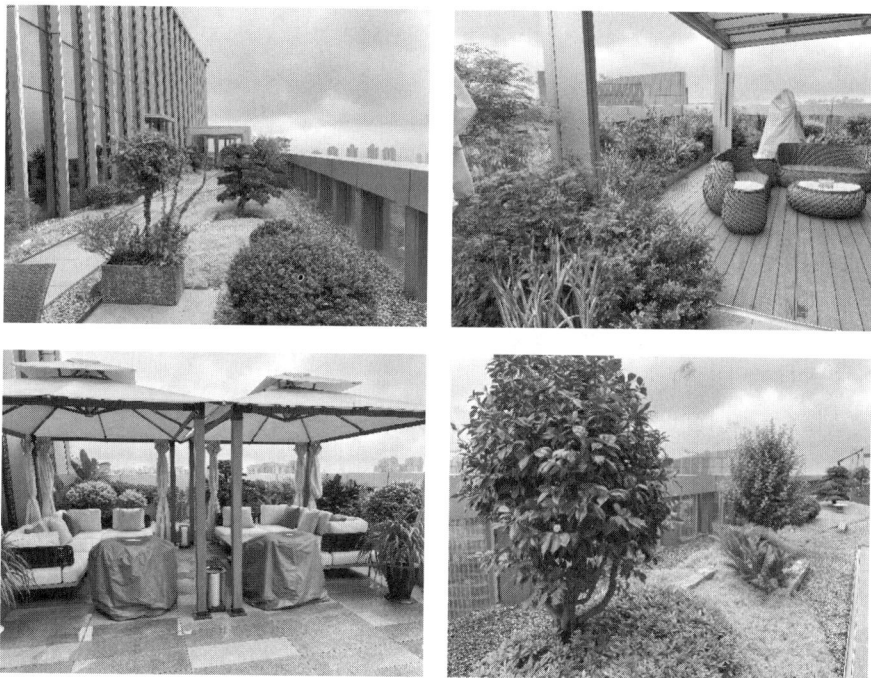

图 5.9　屋顶空中花园实景图

2. 幕墙自然通风

建筑外立面采用全玻璃幕墙，为保持外立面整洁的风格并避免超高层风压较大的安全隐患，采用幕墙通风杆件和平推窗共同形成自然通风路径。一方面，建筑东向和西向两侧结合遮阳需求设置幕墙通风遮阳杆件，每个杆件可开启 0.1m 宽度、2.9m 高度，标准层每层 20 个通风杆件，两侧共 40 个。另一方面，结合外立面风格需求，建筑南向和北向两侧设置平推窗，单个开启扇可开启 1.5m 宽度、3.3m 高度，标准层每层单侧 14 个开启扇，两侧共 28 个。幕墙可开启面积比例达 9.36%，室内空气龄小于 1500s，换气次数不小于 2 次/h，该设计能有效促进室内自然通风，相关实景图如图 5.10 和图 5.11 所示。

图 5.10　幕墙通风遮阳杆件实景图

图 5.11　平推窗实景图

3. 派客电梯系统

为解决超高层建筑电梯等待时间长、运输效率低及能源消耗大的问题，基于房间功能及人流量情况，使用电梯专业分析软件 Elevate，分别采用目的楼层控制方式（派客）和全集选（群控）控制方式，对办公楼低区和高区在早高峰、午高峰时段进行人流模拟分析，对比电梯输送效率。

通过数据分析对比可知，高区和低区办公区域在电梯采用目的楼层控制方式下，相比于采用全集选控制方式早高峰乘客平均到站时间可以节约 25%～43%，午高峰乘客平均到站时间可以节约 37%～61%，午高峰时乘客平均等候时间可以节约 30%～73%。办公楼电梯采用目的楼层控制方式时，年耗电量明显低于全集选控制方式，可节约用电约 39.8%，即该控制方式既能有效降低能耗，又可提升经济效益。派客电梯实景图见图 5.12。

图 5.12　派客电梯实景图

4. 室内综合环境

为给员工营造良好的室内环境，采取以下措施：一是建筑东北立面和西南立面均设置幕墙通风杆件，在透明幕墙形成自遮阳效果，室内采用玻璃纤维材质的高反射内窗帘，增强对夏季辐射的反射，通过"竖向构件 + 反射内窗帘"组合，实现可控遮阳调节效果；二是在主要功能区域每层均设置 CO_2 传感器和 $PM_{2.5}$ 污染物浓度检测装置，对室内 CO_2、$PM_{2.5}$ 数值进行数据采集并上传至云平台，当浓度超标时进行报警反馈，通过直接数字控制器控制风机的运行状态；三是实现建筑土建与精装修一体化设计施工，避免二次装修产生的建筑垃圾、施工噪声和环境污染。建设过程中，室内装饰装修材料采用健康环保材料，保证装修工程竣工后室内游离甲醛、苯、氨、氡和总挥发性有机化合物等空气污染物浓度均低于国家标准《室内空气质量标准》（GB/T 18883—2022）规定限值的 70%。项目配备管道直饮水系统，在各楼层茶水间设置直饮水点位，由物业单位定期维护管道直饮水设备，确保建筑使用者便捷获取优质水源。项目室内实景图见图 5.13～图 5.15。

图 5.13　项目室内实景图

5. 智慧运行技术

该项目通过智慧能源平台便于物业监测大楼能耗，通过智能照明系统对室内照明进行分区控制，通过智慧派客电梯系统充分发挥电梯运载能力，通过车库智能停车系统便于建筑使用者停车及寻车，通过楼宇自动化系统（building automation system，BAS）对

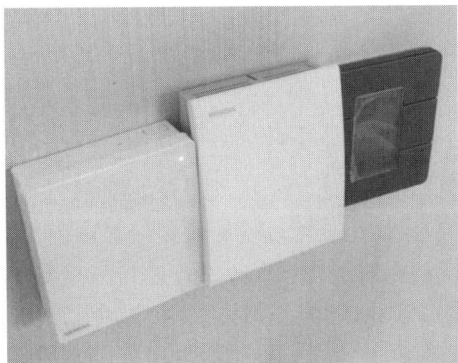

图 5.14　CO_2 传感器、$PM_{2.5}$ 污染物浓度检测装置

图 5.15　管道直饮水设备间

建筑物内各类设备、元器件和各类信息进行集中控制和管理，实时监测建筑物运行状态，并及时提供相关数据和报警信息，实现安全可靠、能源节约、舒适环保的建筑管理目标，同时达到项目的高效管理。

设置智慧物业管理系统，建立多级管理模式，提升管理效率，降低管理成本；通过一站式聚合服务，整合服务资源，规范办事流程；通过多业务统一管理，实现从业务到财务的穿透式运营，保障项目智慧运行。智能化系统展示图如图 5.16 所示。

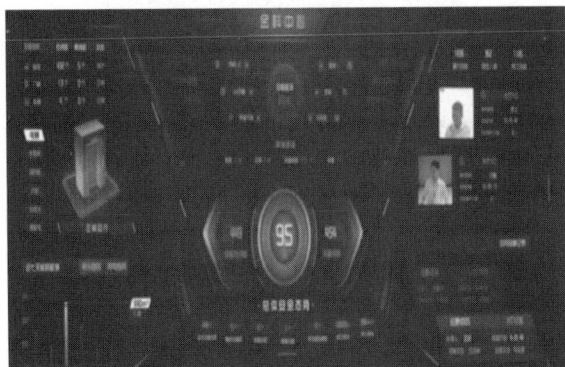

图 5.16　智能化系统展示

6. 建筑 BIM 技术

该项目在规划设计阶段优化建筑层高、减少管道碰撞、优化设备机房和管道布置等；在施工建造阶段实现业主方、总包及各参建方信息汇总和数据共享，便于跟踪现场进度并协调，为现场施工管理提供了更有效的途径；基于建筑信息模型，并结合能耗模拟，对项目建筑综合能耗进行对比分析，其 BIM 应用成果获得重庆市第四届建筑信息模型（BIM）应用竞赛 BIM 综合应用二等奖、第五届建设工程 BIM 大赛（单项奖）特等奖等多项荣誉。项目各阶段 BIM 详见图 5.17 和图 5.18。

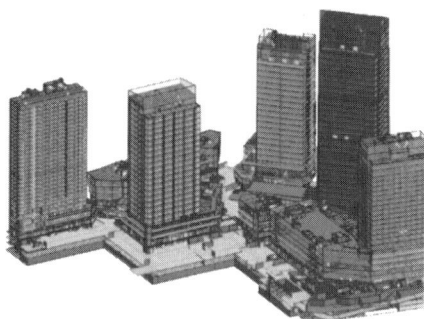

图 5.17　项目规划设计阶段 BIM

图 5.18　项目施工建造阶段 BIM

7. 中水与雨水联合

为充分利用非传统水源，解决办公建筑原水量供应有限的问题，可采用酒店的优质杂排水（客房卫生间盥洗用水和洗浴废水）作为水源，经处理后用于建筑内卫生间冲厕、冷却塔补水、绿化灌溉、道路清扫及车辆冲洗等。项目在地下二层设有一座中水处理站，处理能力为 $200m^3/d$。该站配有一套变频给水设备，可从中水贮水池吸水加压后经水表计量实现回用。地下车库中水回用系统实景图见图 5.19。

图 5.19　地下车库中水回用系统实景图

雨水系统收集屋面雨水，经处理后用于本大楼卫生间冲厕、冷却塔补水、绿化灌溉、道路清扫及车辆冲洗等。空调冷凝水收集后进入冷却塔补水系统。地下车库雨水回用系统实景图见图 5.20。

8. 绿色施工管控

项目在实施过程中按照《建筑工程绿色施工规范》（GB/T 50905—2014）、《建筑与市政工程绿色施工评价标准》（GB/T 50640—2023）、《绿色施工导则》、《住房城乡建设部绿色施工科技示范工程技术指标及实施与评价指南》和《绿色施工管理规程》等指导文件

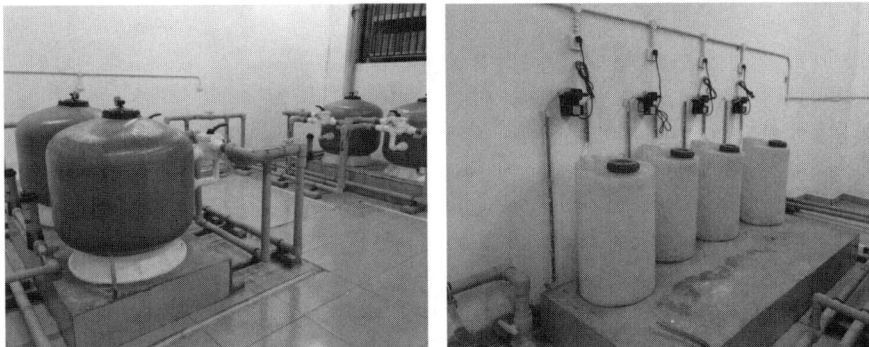

图 5.20 地下车库雨水回用系统实景图

的相应要求，着重从施工安全、环境保护、节材与材料资源利用、节能与能源利用、节水与水资源利用、节地与施工用地保护等多方面进行绿色施工组织。

1）前期准备

组建机构：成立绿色施工科技示范工程领导小组，以项目经理为第一责任人，项目部成员全员参与，公司对绿色施工科技示范工程的策划、实施进行指导和监督，保障绿色施工科技示范工程的顺利实施。

策划先行：项目部根据设计资料、场地条件、周边环境和绿色施工总体要求，明确绿色施工目标、材料、方法和实施内容，编制包含绿色施工管理和技术要求的工程施工组织设计、工程创优策划、绿色施工等方案。

BIM 技术应用：利用 BIM 5D 技术合理进行区段划分，提前完善现场供水、供电、排污、场地围蔽和场地布置优化。实现各部位构件三维信息与时间、工程量联动，预测项目实施过程中物资量和劳动力分布曲线，通过识别曲线的波峰和波谷分析原因，进而动态调整流水段划分或工序穿插时间，最终实现"资源均衡"，确保各流水段顺利推进。

2）施工措施

（1）环境保护

项目现场配置各种监测设备，采用新技术、新工艺、新材料、新设备，控制各类污染物的排放，通过 BIM 等新技术实现建筑垃圾减量化，尽最大努力降低环境负荷，具体应用措施如下。

扬尘控制：应用垃圾运输封闭处理，采用全自动洗车设备，土方阶段及时洒水，扬尘部位覆盖处理，关键工序提前规划扬尘措施，设置空气质量指数监测装置等措施。

噪声控制：应用现场噪声实测实控，使用低噪声、低振动的机具，采取隔声与隔振等措施。

垃圾控制：制定建筑垃圾减量化计划，加强建筑垃圾的回收再利用，设置封闭式垃圾容器等措施。

有毒、有害废弃物控制：设置沉淀池、隔油池、化粪池并及时清掏，保证不堵塞、不渗漏、不溢出；有毒有害废弃物统一归集交由有资质的单位处理；污水排放应委托有资质的单位进行废水水质检测。采用隔水性能好的边坡支护技术。

烟气控制：食堂安装油烟净化设备；施工机械设备须取得年审合格标志，100%经过尾气检验合格。

（2）节材与材料资源利用

保证工程安全与质量的前提下进行节材优化，控制各类工程材料、办公耗材的资源消耗，减少固体废弃物的产生，制定建筑垃圾减量化计划，尽量使用可循环材料，并提高循环利用率。具体应用措施如下。

现场管理：根据施工进度、库存情况等合理安排材料供应方、采购、进场时间和批次；现场材料有序堆放，选择适宜材料运输工具和装卸方法；根据现场平面布置情况就近卸载，避免或减少二次搬运。优化安装工程的预留、预埋、管线路径。

结构材料控制：全程使用预拌混凝土，利用 BIM 技术实现用量精确预估；使用高强钢筋和高性能混凝土；优化钢筋配料、下料方案，钢筋经专业化加工和配送；应用数字化技术对重难专项施工方案模拟并优化。

围护材料控制：优选保温隔热材料系统和施工方式；门窗、屋面、幕墙等围护结构选用密封性、保温隔热性、隔音性、耐候性及耐久性良好的材料；保温隔热系统采用专用的配套材料，以加强各层次之间的黏结或连接强度。

装饰装修材料控制：提前进行总体排版策划；选用优质材料；幕墙及各类预留预埋与结构施工同步进行；选用自黏类片材，减少现场液态黏结剂使用。

机电安装控制：应用 BIM 技术进行优化，实现设备布局合理，管线走线科学清晰，减少浪费。

周转材料优化：选用耐用、维护与拆卸方便的周转材料和机具；应用盘销式钢管脚手架，对模板工程、外脚手架方案实施排版优化，提高周转次数；现场办公和生活用房采用周转式活动房；应用定型化围挡，提高可重复使用率。

垃圾回收利用：制定建筑垃圾减量化计划，加强建筑垃圾的回收再利用，设置封闭式垃圾容器，施工场地生活垃圾实行袋装化。

（3）节能与能源利用

项目进行施工节能与能源利用策划，采用太阳能路灯等节能设备和灯具，控制生产生活用电，各类工程材料就近采购，减少材料运输的能耗。

现场管理：设定施工现场生产、生活、办公和施工设备的用电控制指标，定期进行计量、核算、对比分析、纠偏；合理安排施工顺序、工作面，优先考虑耗用电能或其他能较少的施工工艺。

机械设备与机具节能：优先使用国家、行业推荐的节能、高效、环保的施工设备和机具；建立施工机械设备管理制度，开展用电、用油计量，完善设备档案，及时做好维修保养工作；合理安排工序，提高各种机械的使用率和满载率。

生产、生活及办公临时设施节能：合理设计生产、生活及办公临时设施的体形系数、朝向、间距和窗墙面积比；临时设施采用隔热保温的节能材料，降低空调能耗；合理配置采暖、空调、风扇数量，使用大型空气能热水器，降低生活能耗。

施工用电及照明节能：合理设计、布置临电线路，临时用电优先选用 LED 灯、太阳能灯等节能灯具；临电设备采用自动控制装置；照明设计以满足最低照度为原则。

可再生能源利用：充分利用太阳能、地热等可再生能源。

（4）节水与水资源利用

采用施工现场水收集综合利用技术和水电智能管理设备，并根据现场的水资源状况，控制现场的生产、生活用水量，杜绝水资源浪费。

现场管理：不同区段分别计量用水量，并纳入考核指标；施工现场供水管网根据用水量设计布置，管径合理且管路简洁。机具、设备、车辆冲洗用水应设立循环用水装置。施工现场办公区、生活区的生活用水采用节水系统和节水器具，提高节水器具配置比率。临时用水使用带计量装置的节水型产品，定期统计并做同比分析。

循环利用：施工现场设置可再利用水的收集处理系统，实现水资源梯级循环利用。

非传统水源利用：优先采用循环水养护和搅拌；基坑降水阶段的工地优先采用地下水作为混凝土搅拌用水、养护用水、冲洗用水和部分生活用水；现场机具、设备、车辆冲洗，喷洒路面，绿化浇灌等用水，优先采用非传统水源。

用水安全：制定有效的水质检测与卫生保障措施，以避免对人体健康、工程质量及周围环境造成不良影响。

（5）节地与施工用地保护

针对工程特点和地域特点，通过设计深化、施工组织设计优化，应用新技术和新材料等手段和措施，科学合理地实现节地和土地资源的保护。

临时用地保护：对深基坑施工方案进行优化，减少土方开挖和回填量，降低生态扰动；利用和保护施工用地范围内原有绿色植被；工程完工后，及时对红线外占地恢复原地形、地貌。

施工总平面布置：施工总平面布置科学、合理，充分利用原有建筑物、道路、管线为施工服务；施工现场仓库、作业棚、材料堆场等布置应尽量靠近已有交通线路或即将修建的正式或临时交通线路；根据施工规模及现场条件等因素合理确定临时设施布局；临时设施的占地面积按用地指标所需的最低面积规划；施工现场道路按照永久道路和临时道路相结合的原则布置。施工现场内形成环形通路，减少道路占用土地。

（6）人力资源节约与职业健康安全

通过深化设计、优化施工方案、应用新技术新工艺等措施，提高施工效率，实现人力资源节约。同时，针对重大风险源制定相关制度措施并严格执行，保障施工人员的长期职业健康。

人员配置：现场配置足量专职安全员，充分覆盖作业面安全管理。

人员教育：项目负责人每周牵头组织总监理工程师、总包安全经理对现场进行全面安全检查并形成书面资料存档；每月总包单位组织一次全员安全教育大会；对新进场的工人进行安全教育后再上岗。

工器具配置：保证个人防护器具配置达到100%。

（7）绿色施工成效

该项目重点解决施工场地规划与布置、建筑节能施工工艺和方法，以及新技术新材料和节材工艺的推广及应用、四类污染物的防治处理等绿色施工关键技术问题。

集成式整体提升内模电梯井施工技术：针对高层建筑电梯井部位，研发"集成式整体提升内模电梯井施工技术"。创新地将型钢支撑平台、井字架及铝模板组合成整体操作平台系统，改变传统工艺逐层搭设、拆卸钢管支撑架和木模的做法。

装配式构造柱施工技术：根据不同梁截面尺寸和层高，将传统构造柱拆分为分段柱体。安装时，随砌筑高度同步叠放"分段柱体"，并通过"分段柱体"上的卡口对位和留设孔道与"底柱"中的部分留长钢筋形成搭接。从底部对留设孔道进行压力注浆，使叠放"分段柱体"形成完整构造柱。

超大面积混凝土地面施工期收缩控制防裂施工技术：该技术以"一研究、三控制"为基本原则。"一研究"即利用解析计算方法，对施工过程中超大面积混凝土地面所受温度、变形作用特性及其对混凝土的收缩影响进行研究，科学确定包含裂缝控制指标、跳仓间距、跳仓时间等在内的施工参数并编制施工方案。"三控制"包括对生产原材料的"源头控制"、工艺优化的"过程控制"、动态监测与动态养护的"结果控制"，确保超大面积混凝土地面施工质量。

厨卫间混凝土翻边一体化施工技术：厨卫间混凝土翻边与楼板结构采用一体化成型，避免二次浇筑造成的结构施工缝，显著提高厨卫间结构自防水能力，有效减少厨卫间向相邻无水房间的串水现象，从而提升施工质量。

基于 BIM 和 VR（虚拟现实技术，virtual reality）技术的建筑装饰工程施工技术：该技术通过 BIM 模拟及 VR 仿真，实现材料设备在前期阶段的布局排版优化和最终装饰效果全方位呈现，有效提高装饰装修工程施工效率，并实现材料和工期的最大化节约。

该项目在实施过程中，建立了绿色施工科技示范工程的组织机构，编制了绿色施工实施方案，开展了科技示范活动，推广应用建筑业 10 项新技术中的 8 大项 28 小项，有效进行了技术集成与创新，通过了重庆市"智慧工地"验收；项目获得了 2020 年重庆市"三峡杯"优质结构工程奖，获得了较好的经济和社会效益，具有良好的示范作用。

9. 绿色物业运营

该项目的运营管理为业主自持的物业管理公司，其具有完善的质量、安全及健康管理体系认证。项目在运行过程中结合实际情况，制定并实施节能、节水、节材等资源节约制度：规范电梯、空调、照明、车库送排风、生活供水、强弱电等系统的节能运行管理；规范管道直饮水、绿化灌溉、景观水景等系统的节水运行管理，确保系统处于良好的工作状态；规范建筑工程、设施、设备等更换及维保的流程化和信息化管理，有效提高物业管理水平，减少物品损耗。制定绿化管理、垃圾管理制度，规范植物种植、施肥、杀虫、养护等常规作业，保证植物的高存活率和良好的生长状态；对现场废弃物实施分类收集，有效控制垃圾流向，保持场地干净清爽无异味。

该项目采用能源合同管理模式，配有专业人员对各类设备进行定期清洗、维护、调试及标定各类检测器的准确性。根据各类设备的实时运行数据，持续提升设备系统性能，通过制定并实施如室外夜景照明系统节能改造等设备能效改造方案，全面提高建筑物的能效管理水平。该项目采用信息化手段实施物业管理，确保建筑工程、设施、设备、部品及能耗等档案与记录完整齐全。项目设备间制度上墙详见图 5.21，项目物业日常管理详见图 5.22。

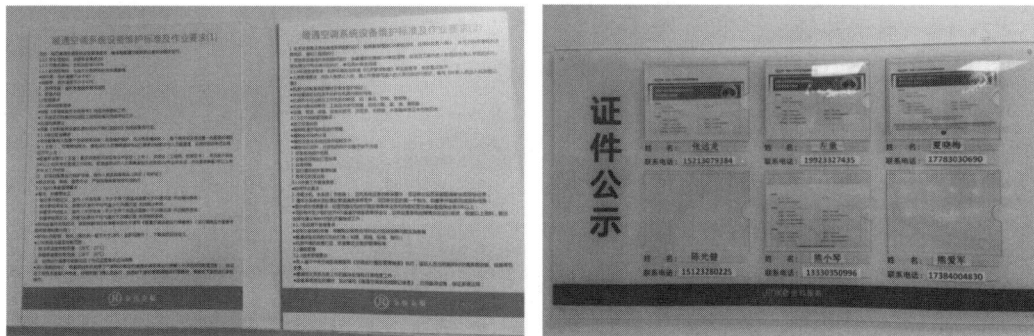

图 5.21　项目设备间制度上墙

图 5.22　项目物业日常管理

该项目就地设置绿色设施标识、原理展示牌，对项目四分类垃圾分类处理、中水回用系统、雨水回用系统进行宣传，向大厦使用者发放绿色技术教育宣传单，在整个大厦内营造良好的绿色技术宣传氛围。

5.2.4　结论

该项目遵循"绿色、健康、以人为本"的设计理念，因地制宜地从绿色设计、绿色施工及绿色运维三个维度提出了高星级绿色建筑系统解决方案，实施了屋顶空中花园、幕墙自然通风、派客电梯系统、室内综合环境、智慧运行技术、建筑 BIM 技术及非传统水源利用等技术，强化了绿色技术落地管控，并制定资源管理、智慧管理、环境保护等物业制度及措施，确保项目绿色、健康、高效地智慧化运行，塑造了更舒适、更健康的办公环境。

该项目探索了商务楼宇绿色建筑系统解决方案，为重庆市后续高星级绿色商务楼宇建设项目提供可推广、可复制的技术参考。

5.3　重庆市建筑节能（绿色建筑）设计分析软件更新介绍

5.3.1　2023～2024 年重庆市民用建筑节能设计软件研发与更新

2023 年贯彻执行了《建筑节能与可再生能源利用通用规范》（GB 55015—2021）及重庆市绿色建筑、建筑节能相关地方标准、政策法规，为了适应重庆市标准、政策的更新，在该年度，重庆市民用建筑节能设计软件历经数次研发迭代更新，有效助力标准及政策的落地推广（图 5.23 和图 5.24）。

图 5.23　重庆市建筑节能（绿色建筑）设计分析软件发布

图 5.24　重庆市民用建筑节能设计软件

重庆市民用建筑节能设计软件是建筑节能新技术、新材料推广的重要载体之一。采用政府指定专版软件进行建筑节能设计，可规范全市建筑节能设计工作。全市新型材料的科学使用及普及可通过主管部门更新需求，在新版软件中实现选取功能。国家及地方标准的更新与执行通过软件中标准的迭代更新实现，既可促进新标准快速落地，又便于设计师快速使用，进而推动节能高质量发展。同时，主管部门对专版软件进行管理，可实现对重庆地区材料库的严格管控，避免落后建材和禁用建材的出现，即从设计源头实现对建筑材料的精确管控。另外，节能专版软件支持全市施工图审查过程中的数字化模型审查，要求勘察设计单位将节能模型提交给施工图审查机构，从而保证图模一致性，推进全市节能高质量发展。

重庆市民用建筑节能设计软件部分更新日志如表 5.1 所示。

5.3.2　重庆市民用建筑节能设计软件功能简介

重庆市民用建筑节能设计软件功能如下。

（1）支持跨平台运行及多种数据模型：支持中望、浩辰、AutoCAD，也可支持读取 PKPM-BIMBase、Revit、天正、斯维尔等多种格式模型，极大提高建模效率；同时支持软件的在线升级与更新，使操作更加便捷高效（图 5.25）。

表 5.1　重庆市民用建筑节能设计软件近年更新日志（部分）

序号	更新内容	软件版本号
1	新增不燃型聚苯颗粒保温板	20220424
2	新增预制沟槽泡沫混凝土保温板	20220601
3	更新材料库数据	20230207
4	新增窗体库，支持《重庆市建筑门窗幕墙热工参数目录（2023 版）》；开放窗体数据库选择，可实现新、老外窗数据库的选择	20230731
5	更新重庆墙体库数据，增加烧结页岩空心条板等材料应用	20231128
6	新增硅酸铝石墨聚苯颗粒复合保温板材料	20231218
7	新增挤塑聚苯板复合砂浆三维桥架保温隔声板	20240115
8	更新 65 系列多腔铝塑铝复合型材（热流方向独立封闭的腔室数量不少于 3 层、PVC-U 塑料基材腔体四周壁厚≥2.8mm、铝合金基材壁厚≥1.8mm）的窗户	20240129
9	外窗数据库增加：组合式彩钢复合型材 60 系列（宽度方向≥60mm，独立封闭腔室数量不少于 3 层、塑料基材腔体四周壁厚≥2.5mm、彩钢板基材壁厚≥0.7mm）和组合式彩钢复合型材 75 系列（宽度方向≥75mm，独立封闭腔室数量不少于 5 层，其中灌注聚氨酯的腔室不少于 2 层、塑料基材腔体四周壁厚≥2.5mm、彩钢板基材壁厚≥0.7mm）	20240508

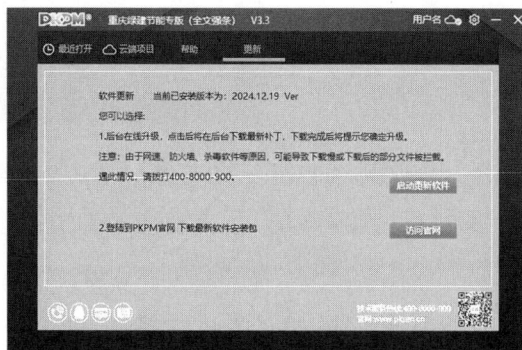

图 5.25　软件在线升级界面

（2）支持异形屋面、曲面、斜墙、墙体延伸等异形模型建立，具备全面强大的建模功能（图 5.26）。

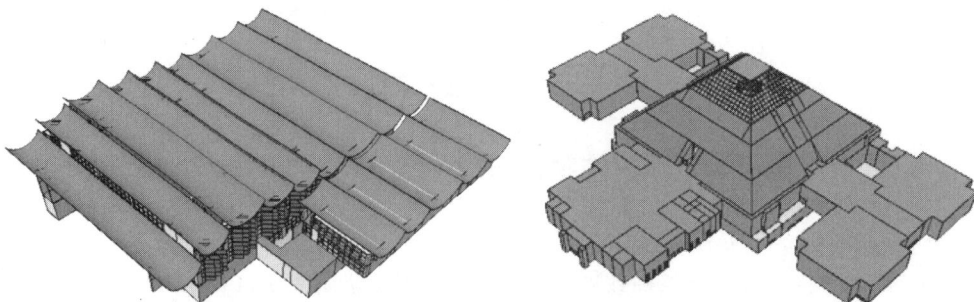

图 5.26　软件异形建模示意图

（3）软件支持材料构造统一设置，可以根据设计师的需求按层、朝向、部位统一赋予构造（图 5.27）。

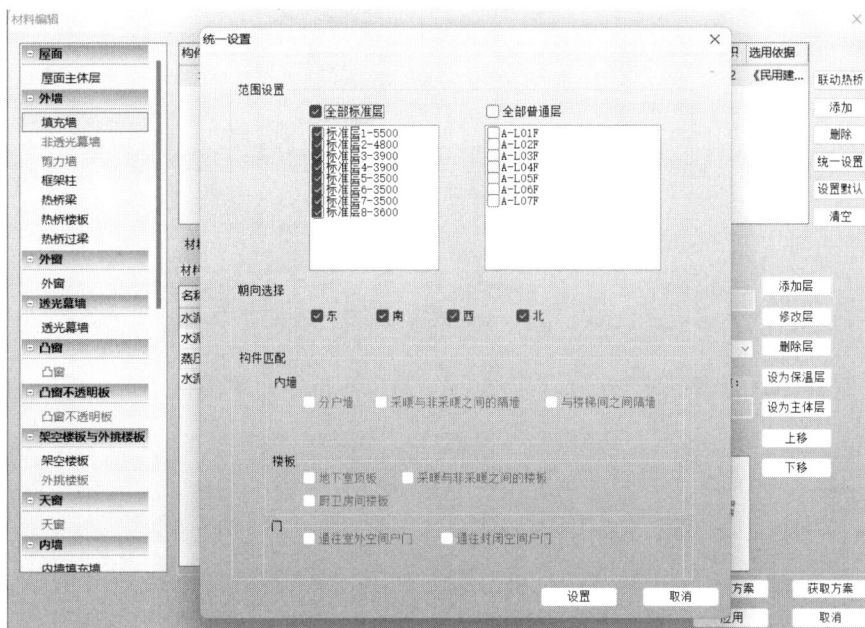

图 5.27　材料编辑界面

（4）墙体库与窗体库统一管理，使用重庆市相关管理部门统一规定的材料库，避免设计师选用禁限材料，同时材料库可按照管理部门的要求进行更新迭代（图 5.28）。

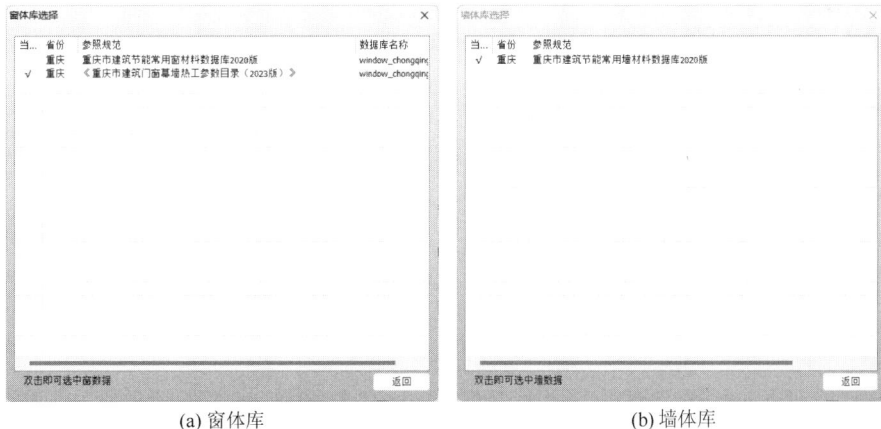

(a) 窗体库　　　　　　　　　　　　　　(b) 墙体库

图 5.28　软件窗体库与墙体库

（5）具有支持商住两用建筑类型、指定构件属性功能，可解决商住两用模型的特殊需求问题（图 5.29）。

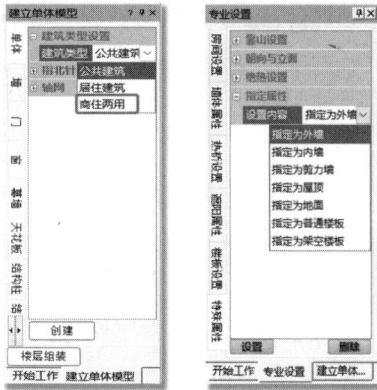

图 5.29　单体建模与专业设置

（6）支持输出符合国家标准及地方标准审查要求的、可溯源的节能计算分析报告书（图 5.30）。

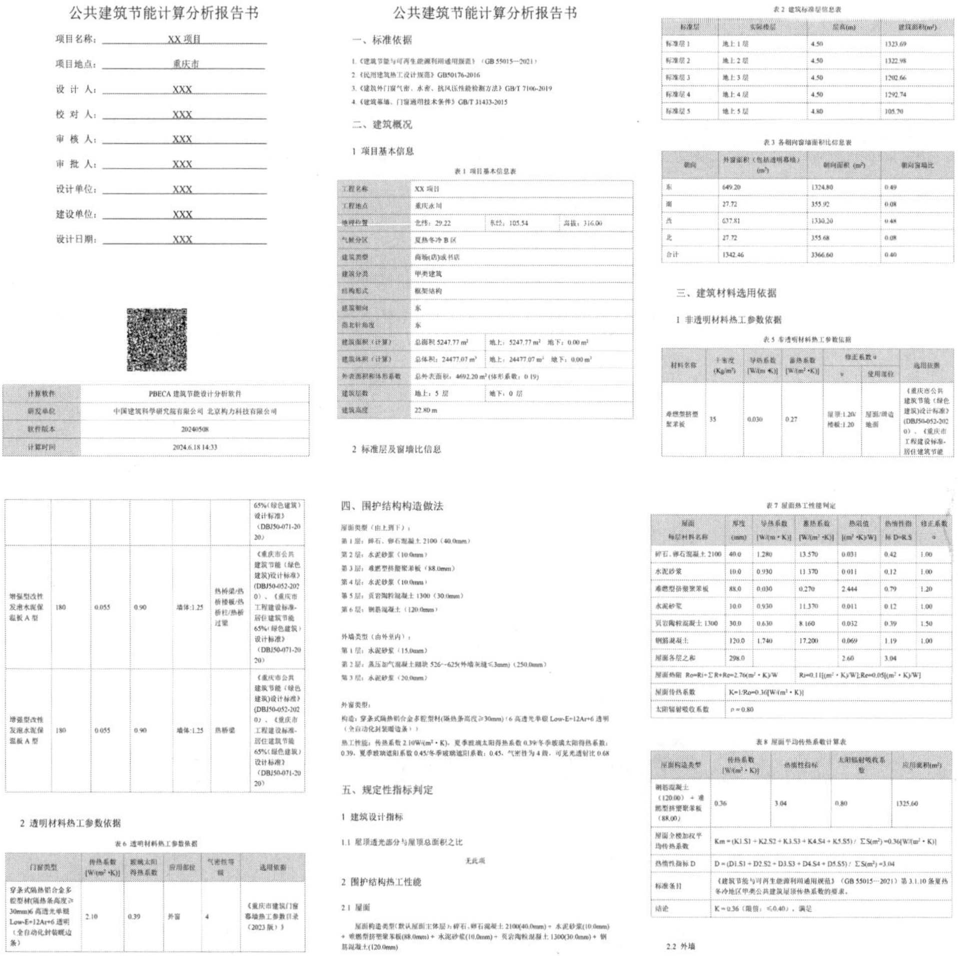

公共建筑节能计算分析报告书

项目名称：XX 项目

项目地点：重庆市

设 计 人：XXX

校 对 人：XXX

审 核 人：XXX

审 批 人：XXX

设计单位：XXX

建设单位：XXX

设计日期：XXX

计算软件	PBECA 建筑节能设计分析软件
研发单位	中国建筑科学研究院有限公司 北京构力科技有限公司
软件版本	20240508
计算时间	2024.6.18 14:33

公共建筑节能计算分析报告书

一、标准依据

1.《建筑节能与可再生能源利用通用规范》（GB 55015—2021）

2.《民用建筑热工设计规范》GB50176-2016

3.《建筑外门窗气密、水密、抗风压性能检测方法》GB/T 7106-2019

4.《建筑幕墙、门窗通用技术条件》GB/T 31433-2015

二、建筑概况

1 项目基本信息

表 1 项目基本信息表

工程名称	XX 项目		
工程地点	重庆永川		
地理位置	北纬：29.22	东经：105.54	高拔：316.00
气候分区	夏热冬冷 B 区		
建筑类型	商场(店)或书店		
建筑分类	甲类建筑		
结构形式	框架结构		
建筑朝向	东		
指北针角度	东		
建筑面积（计算）	总面积 5247.77 m²	地上：5247.77 m²　地下：0.00 m²	
建筑体积（计算）	总体积：24477.07 m³	地上：24477.07 m³　地下：0.00 m³	
外表面积和体形系数	总外表面积：4692.20 m²(体形系数：0.19)		
建筑层数	地上：5 层	地下：0 层	
建筑高度	22.80 m		

2 标准层及窗墙比信息

表 2 建筑标准层信息表

标准层	实际楼层	层高(m)	建筑面积(m²)
标准层 1	地上 1 层	4.50	1323.69
标准层 2	地上 2 层	4.50	1322.98
标准层 3	地上 3 层	4.50	1202.66
标准层 4	地上 4 层	4.50	1292.74
标准层 5	地上 5 层	4.80	105.70

表 3 各朝向窗墙面积比信息表

朝向	外窗面积（包括透明幕墙）(m²)	朝向面积（m²）	朝向窗墙比
东	649.20	1324.80	0.49
南	27.72	355.92	0.08
西	637.81	1330.20	0.48
北	27.72	355.68	0.08
合计	1342.46	3366.60	0.40

三、建筑材料选用依据

1 非透明材料热工参数依据

表 5 非透明材料热工参数依据

材料名称	干密度 (Kg/m³)	导热系数 [W/(m·K)]	蓄热系数 [W/(m²·K)]	修正系数 α		选用依据
				α	使用部位	
难燃型挤塑聚苯板	35	0.030	0.27	屋顶:1.20/楼板:1.20	屋面/周边地面	《重庆市公共建筑节能（绿色建筑)设计标准》(DBJ50-052-2020）、《重庆市工程建设标准-居住建筑节能65%(绿色建筑）设计标准》（DBJ50-071-2020）
增强型改性发泡水泥保温板 A 型	180	0.055	0.90	墙体:1.25	热桥梁/热桥楼板/热桥柱/热桥过梁	《重庆市公共建筑节能（绿色建筑)设计标准》(DBJ50-052-2020）、《重庆市工程建设标准-居住建筑节能65%(绿色建筑）设计标准》（DBJ50-071-2020）
增强型改性发泡水泥保温板 A 型	180	0.055	0.90	墙体:1.25	热桥梁	《重庆市公共建筑节能（绿色建筑)设计标准》(DBJ50-052-2020）、《重庆市工程建设标准-居住建筑节能65%(绿色建筑）设计标准》（DBJ50-071-2020）

2 透明材料热工参数依据

表 6 透明材料热工参数依据

门窗类型	传热系数 [W/(m²·K)]	玻璃太阳得热系数	应用部位	气密性等级	选用依据
穿条式隔热铝合金多腔型材(隔热条高度≥30mm)6 高透光单银 Low-E+12Ar+6 透明（全自动化封装暖边条）	2.10	0.39	外窗	4	《重庆市建筑门窗幕墙热工参数目录（2023 版）》

四、围护结构构造做法

屋面类型（由上到下）：

第 1 层：碎石、卵石混凝土 2100（40.0mm）

第 2 层：水泥砂浆（10.0mm）

第 3 层：难燃型挤塑聚苯板（88.0mm）

第 4 层：水泥砂浆（10.0mm）

第 5 层：页岩陶粒混凝土 1300（30.0mm）

第 6 层：钢筋混凝土（120.0mm）

外墙类型（由外至内）：

第 1 层：水泥砂浆（15.0mm）

第 2 层：蒸压加气混凝土砌块 526～625(外墙灰缝≤3mm)（250.0mm）

第 3 层：水泥砂浆（20.0mm）

外窗类型：

构造：穿条式隔热铝合金多腔型材(隔热条高度≥30mm)（6 高透光单银 Low-E+12Ar+6 透明（全自动化封装暖边条））

热工性能：传热系数 2.10W/(m²·K)，夏季玻璃太阳得热系数 0.39/冬季玻璃太阳得热系数：0.39，夏季玻璃遮阳系数 0.45/冬季玻璃遮阳系数：0.45，气密性为 4 级，可见光透射比 0.68

五、规定性指标判定

1 建筑设计指标

1.1 屋顶透光部分与屋顶总面积之比

无此项

2 围护结构热工性能

2.1 屋面

屋面构造类型(默认屋面主体层)：碎石、卵石混凝土 2100(40.0mm)＋水泥砂浆(10.0mm)＋难燃型挤塑聚苯板(88.0mm)＋水泥砂浆(10.0mm)＋页岩陶粒混凝土 1300(30.0mm)＋钢筋混凝土(120.0mm)

表 7 屋面热工性能判定

屋面 每层材料名称	厚度 (mm)	导热系数 [W/(m·K)]	蓄热系数 [W/(m²·K)]	热阻值 [(m²·K)/W]	热惰性指标 D=R.S	修正系数 α
碎石、卵石混凝土 2100	40.0	1.280	13.570	0.031	0.42	1.00
水泥砂浆	10.0	0.930	11.370	0.011	0.12	1.00
难燃型挤塑聚苯板	88.0	0.030	0.270	2.444	0.79	1.20
水泥砂浆	10.0	0.930	11.370	0.011	0.12	1.00
页岩陶粒混凝土 1300	30.0	0.630	8.160	0.032	0.39	1.50
钢筋混凝土	120.0	1.740	17.200	0.069	1.19	1.00
屋面各层之和	298.0			2.60	3.04	
屋面热阻 Ro=Ri+ΣR+Re=2.76(m²·K)/W			Ri=0.11[(m²·K)/W];Re=0.05[(m²·K)/W]			
屋面传热系数	K=1/Ro=0.36[W/(m²·K)]					
太阳辐射吸收系数	ρ＝0.80					

表 8 屋面平均传热系数计算表

屋面构造类型	传热系数 [W/(m²·K)]	热惰性指标	太阳辐射吸收系数	应用面积(m²)
钢筋混凝土（120.00）＋难燃型挤塑聚苯板（88.00）	0.36	3.04	0.80	1325.60
屋面全楼加权平均传热系数	Km＝(K1.S1＋K2.S2＋K3.S3＋K4.S4＋K5.S5)／ΣS(m²)＝0.36[W/(m²·K)]			
热惰性指标 D	D＝(D1.S1＋D2.S2＋D3.S3＋D4.S4＋D5.S5)／ΣS(m²)＝3.04			
标准条目	《建筑节能与可再生能源利用通用规范》（GB 55015—2021）第 3.1.10 条夏热冬冷地区甲类公共建筑屋顶传热系数的要求。			
结论	K＝0.36（限值：≤0.40），满足			

2.2 外墙

图 5.30　节能计算分析报告书模板

（7）软件在侧边栏内置操作小视频、说明书及教学视频以帮助设计师操作，同时支持拨打官方电话进行咨询（图 5.31）。

图 5.31　软件帮助界面

5.3.3　2023～2024 年重庆市民用建筑节能设计软件开展公益性培训宣传活动情况

（1）推动全市绿色建筑与建筑节能设计质量提升，开展全市公益性技术培训会议与服务。

北京构力科技有限公司主动开展技术服务和培训教学，培训内容为重庆市民用建筑节能软件的使用以及施工图审查过程中的疑难问题解答。2023 年举办了工程数字化大会重庆专场（图 5.32），其中绿色低碳建筑数字化发展论坛吸引重庆市内约 400 位建设行业从业者现场参加。大会聚焦行业前沿，汇聚众多知名专家，共同研讨工程数字化领域的新探索、新成果和新趋势，深入交流行业数字化发展及软件技术进步。2024 年承办了重庆市勘察设计行业高质量发展技术交流会，吸引约 120 家设计企业的代表参加，共同推动重庆市绿色建筑行业持续健康发展。

软件的日常技术服务还包含线下点对点培训，帮助设计师掌握软件更新内容并交流解决日常使用中的问题（图 5.33）。

图 5.32　工程数字化大会 2023 重庆专场　　　　图 5.33　线下点对点培训

（2）提供全方面专版软件技术支持，并搭建线上技术交流平台，营造全市绿建节能良好的交流氛围。

PKPM*官方节能群（重庆市）主要涵盖重庆市及涉及重庆项目的设计单位、咨询单位、建设单位、审图单位等相关从业人员，旨在解答相关从业人员在节能绿建设计过程中出现的标准理解问题、软件操作问题。该群是北京构力科技有限公司在重庆地区的统一服务渠道，有助于提高重庆市相关从业人员的节能绿建设计水平。截至2024年，各个群成员共计近2700名。

5.3.4　软件主要计算报告示例

5.3.4.1　规定性指标计算报告示例

公共建筑节能计算分析报告书

一、标准依据

（1）《建筑节能与可再生能源利用通用规范》（GB 55015—2021）。

（2）《民用建筑热工设计规范》（GB 50176—2016）。

（3）《建筑外门窗气密、水密、抗风压性能检测方法》（GB/T 7106—2019）。

（4）《建筑幕墙、门窗通用技术条件》（GB/T 31433—2015）。

二、建筑概况

1. 项目基本信息

表1　项目基本信息表

工程名称	XX项目		
工程地点	重庆永川		
地理位置	北纬：29.22°	东经：105.54°	海拔：316.00m
气候分区	夏热冬冷B区		
建筑类型	商场（店）或书店		
建筑分类	甲类建筑		
结构形式	框架结构		
建筑朝向	东		
指北针角度	正东		
建筑面积（计算）	总面积：5247.77m²	地上：5247.77m² 地下：0.00m²	
建筑体积（计算）	总体积：24477.07m³	地上：24477.07m³ 地下：0.00m³	
外表面积和体形系数	总外表面积：4692.20m²（体形系数：0.19）		
建筑层数	地上：5层	地下：0层	
建筑高度	22.80m		

---

* PKPM为中国建筑科学研究院建筑工程软件研究所研发的工程管理软件。

2. 标准层及窗墙面积比信息

表 2　建筑标准层信息表

标准层	实际楼层	层高/m	建筑面积/m²
标准层 1	地上 1 层	4.50	1323.69
标准层 2	地上 2 层	4.50	1322.98
标准层 3	地上 3 层	4.50	1202.66
标准层 4	地上 4 层	4.50	1292.74
标准层 5	地上 5 层	4.80	105.70

表 3　各朝向窗墙面积比信息表

朝向	外窗面积（包括透明幕墙）/m²	朝向面积/m²	窗墙面积比
东	649.20	1324.80	0.49
南	27.72	355.92	0.08
西	637.81	1330.20	0.48
北	27.72	355.68	0.08
合计	1342.45	3366.60	0.40

三、建筑材料选用依据

1. 非透明材料热工参数依据

表 4　非透明材料热工参数依据

材料名称	干密度/(kg/m³)	导热系数/[W/(m·K)]	蓄热系数/[W/(m²·K)]	修正系数 α		选用依据
				α	使用部位	
难燃型挤塑聚苯板	35	0.030	0.27	屋顶：1.20 楼板：1.20	屋面 周边地面	《公共建筑节能（绿色建筑）设计标准》（DBJ50-052—2020）、《居住建筑节能 65%（绿色建筑）设计标准》（DBJ50-071—2020）
增强型改性发泡水泥保温板 A 型	180	0.055	0.90	墙体：1.25	热桥梁 热桥楼板 热桥柱 热桥过梁	《公共建筑节能（绿色建筑）设计标准》（DBJ50-052—2020）、《居住建筑节能 65%（绿色建筑）设计标准》（DBJ50-071—2020）
增强型改性发泡水泥保温板 A 型	180	0.055	0.90	墙体：1.25	热桥梁	《公共建筑节能（绿色建筑）设计标准》（DBJ50-052—2020）、《居住建筑节能 65%（绿色建筑）设计标准》（DBJ50-071—2020）

2. 透明材料热工参数依据

表 5　透明材料热工参数依据

门窗类型	传热系数/[W/(m²·K)]	玻璃太阳得热系数	应用部位	气密性等级	选用依据
穿条式隔热铝合金多腔型材（隔热条高度≥30mm）6 高透光单银 Low-E + 12Ar + 6 透明（全自动化封装暖边条）	2.10	0.39	外窗	4	《重庆市建筑门窗幕墙热工参数目录（2023 版）》

注：6 代表 6mm；12Ar 代表 12mm 厚的氩气层。

四、围护结构构造做法

（1）屋面类型（由上到下）

第 1 层：碎石、卵石混凝土 2100（40.0mm）。

第 2 层：水泥砂浆（10.0mm）。

第 3 层：难燃型挤塑聚苯板（88.0mm）。

第 4 层：水泥砂浆（10.0mm）。

第 5 层：页岩陶粒混凝土 1300（30.0mm）。

第 6 层：钢筋混凝土（120.0mm）。

（2）外墙类型（由外至内）

第 1 层：水泥砂浆（15.0mm）。

第 2 层：蒸压加气混凝土砌块 526~625（外墙灰缝≤3mm）（250.0mm）。

第 3 层：水泥砂浆（20.0mm）。

（3）外窗类型

构造：穿条式隔热铝合金多腔型材（隔热条高度≥30mm）（6 高透光单银 Low-E + 12Ar + 6 透明（全自动化封装暖边条））。

（4）热工性能：传热系数为 2.10W/(m²·K)；夏季玻璃太阳得热系数为 0.39，冬季玻璃太阳得热系数为 0.39；夏季玻璃遮阳系数为 0.45，冬季玻璃遮阳系数为 0.45；气密性为 4 级；可见光透射比为 0.68。

五、规定性指标判定

1. 建筑设计指标

屋顶透光部分与屋顶总面积之比：无此项。

2. 围护结构热工性能

1）屋面

屋面构造类型（默认屋面主体层）：碎石、卵石混凝土 2100（40.0mm）+ 水泥砂浆（10.0mm）+ 难燃型挤塑聚苯板（88.0mm）+ 水泥砂浆（10.0mm）+ 页岩陶粒混凝土 1300（30.0mm）+ 钢筋混凝土（120.0mm）。

表 6　屋面热工性能判定

屋面每层材料名称	厚度/mm	导热系数/[W/(m·K)]	蓄热系数 S/[W/(m²·K)]	热阻值 R/[(m²·K)/W]	热惰性指标 D = R·S	修正系数 α
碎石、卵石混凝土2100	40.0	1.280	13.570	0.031	0.42	1.00
水泥砂浆	10.0	0.930	11.370	0.011	0.13	1.00
难燃型挤塑聚苯板	88.0	0.030	0.270	2.444	0.66	1.20
水泥砂浆	10.0	0.930	11.370	0.011	0.13	1.00
页岩陶粒混凝土1300	30.0	0.630	8.160	0.032	0.26	1.50
钢筋混凝土	120.0	1.740	17.200	0.069	1.19	1.00
屋面各层之和	298.0	—	—	2.598	2.79	—
屋面热阻 $R_o = R_i + \sum R + R_e = 2.76(\text{m}^2·\text{K})/\text{W}$		$R_i = 0.11(\text{m}^2·\text{K})/\text{W}$；$R_e = 0.05(\text{m}^2·\text{K})/\text{W}$				
屋面传热系数		$K = 1/R_o = 0.36\text{W}/(\text{m}^2·\text{K})$				
太阳辐射吸收系数		$\rho = 0.80$				

注：D-材料的热惰性指标，无量纲；R-材料层的热阻，(m²·K)/W；S-材料层的蓄热系数，W/(m²·K)；R_i-内表面换热阻，(m²·K)/W；R_e-外表面换热阻，(m²·K)/W。

表 7　屋面平均传热系数计算表

屋面构造类型	传热系数 K/[W/(m²·K)]	热惰性指标 D	太阳辐射吸收系数	应用面积 S/m²
钢筋混凝土（120.00mm）+ 难燃型挤塑聚苯板（88.00mm）	0.36	3.04	0.80	1325.60
屋面全楼加权平均传热系数	$K_m = (K_1·S_1 + K_2·S_2 + K_3·S_3 + K_4·S_4 + K_5·S_5)/\sum S(\text{m}^2) = 0.36\text{W}/(\text{m}^2·\text{K})$			
热惰性指标 D	$D = (D_1·S_1 + D_2·S_2 + D_3·S_3 + D_4·S_4 + D_5·S_5)/\sum S(\text{m}^2) = 3.04$			
标准条目	《建筑节能与可再生能源利用通用规范》（GB 55015—2021）第 3.1.10 条夏热冬冷地区甲类公共建筑围护结构中屋面传热系数的要求			
结论	$K = 0.36\text{W}/(\text{m}^2·\text{K})$（限值≤0.40W/(m²·K)），满足			

2）外墙

外墙构造类型（默认填充墙）：水泥砂浆（15.0mm）+ 蒸压加气混凝土砌块 526～625（外墙灰缝≤3mm）（250.0mm）+ 水泥砂浆（20.0mm）。

表 8　外墙热工性能判定

外墙每层材料名称	厚度/mm	导热系数/[W/(m·K)]	蓄热系数 S/[W/(m²·K)]	热阻值 R/[(m²·K)/W]	热惰性指标 D = R·S	修正系数 α
水泥砂浆	15.0	0.930	11.370	0.016	0.18	1.00
蒸压加气混凝土砌块 526～625（外墙灰缝≤3mm）	250.0	0.190	3.010	1.316	3.96	1.00
水泥砂浆	20.0	0.930	11.370	0.022	0.25	1.00
外墙各层之和	285.0	—	—	1.354	4.39	—
外墙热阻 $R_o = R_i + \sum R + R_e = 1.50(\text{m}^2·\text{K})/\text{W}$		$R_i = 0.11(\text{m}^2·\text{K})/\text{W}$；$R_e = 0.04(\text{m}^2·\text{K})/\text{W}$				
外墙传热系数		$K = 1/R_o = 0.67\text{W}/(\text{m}^2·\text{K})$				
太阳辐射吸收系数		$\rho = 0.70$				

热桥柱构造类型（默认框架柱）：水泥砂浆（5.0mm）＋增强型改性发泡水泥保温板 A 型（40.0mm）＋水泥砂浆（20.0mm）＋钢筋混凝土（200.0mm）＋水泥砂浆（20.0mm）。

表 9　热桥柱热工性能判定

热桥柱每层材料名称	厚度/mm	导热系数/[W/(m·K)]	蓄热系数 S/[W/(m^2·K)]	热阻值 R/[(m^2·K)/W]	热惰性指标 $D = R \cdot S$	修正系数 α
水泥砂浆	5.0	0.930	11.370	0.005	0.06	1.00
增强型改性发泡水泥保温板 A 型	40.0	0.055	0.900	0.582	0.52	1.25
水泥砂浆	20.0	0.930	11.370	0.022	0.25	1.00
钢筋混凝土	200.0	1.740	17.200	0.115	1.98	1.00
水泥砂浆	20.0	0.930	11.370	0.022	0.25	1.00
热桥柱各层之和	285.0	—	—	0.746	3.01	—
热桥柱热阻 $R_o = R_i + \sum R + R_e = 0.90 (m^2 \cdot K)/W$			$R_i = 0.11 (m^2 \cdot K)/W$；$R_e = 0.04 (m^2 \cdot K)/W$			
热桥柱传热系数			$K = 1/R_o = 1.11 W/(m^2 \cdot K)$			

热桥梁构造类型（默认热桥梁）：水泥砂浆（5.0mm）＋增强型改性发泡水泥保温板 A 型（40.0mm）＋水泥砂浆（20.0mm）＋钢筋混凝土（200.0mm）＋水泥砂浆（10.0mm）＋增强型改性发泡水泥保温板 A 型（40.0mm）＋水泥砂浆（5.0mm）。

表 10　热桥梁热工性能判定

热桥梁每层材料名称	厚度/mm	导热系数/[W/(m·K)]	蓄热系数 S/[W/(m^2·K)]	热阻值 R/[(m^2·K)/W]	热惰性指标 $D = R \cdot S$	修正系数 α
水泥砂浆	5.0	0.930	11.370	0.005	0.06	1.00
增强型改性发泡水泥保温板 A 型	40.0	0.055	0.900	0.582	0.52	1.25
水泥砂浆	20.0	0.930	11.370	0.022	0.25	1.00
钢筋混凝土	200.0	1.740	17.200	0.115	1.98	1.00
水泥砂浆	10.0	0.930	11.370	0.011	0.13	1.00
增强型改性发泡水泥保温板 A 型	40.0	0.055	0.900	0.582	0.52	1.25
水泥砂浆	5.0	0.930	11.370	0.005	0.06	1.00
热桥梁各层之和	320.0	—	—	1.322	3.51	—
热桥梁热阻 $R_o = R_i + \sum R + R_e = 1.47 [(m^2 \cdot K)/W]$			$R_i = 0.11 (m^2 \cdot K)/W$；$R_e = 0.04 (m^2 \cdot K)/W$			
热桥梁传热系数			$K = 1/R_o = 0.68 W/(m^2 \cdot K)$			

热桥过梁构造类型（默认热桥过梁）：水泥砂浆（5.0mm）＋增强型改性发泡水泥保温板 A 型（40.0mm）＋水泥砂浆（20.0mm）＋钢筋混凝土（200.0mm）＋水泥砂浆（20.0mm）。

表 11　热桥过梁热工性能判定

热桥过梁 每层材料名称	厚度 /mm	导热系数 /[W/(m·K)]	蓄热系数 S /[W/(m²·K)]	热阻值 R /[(m²·K)/W]	热惰性指标 $D = R·S$	修正系数 α
水泥砂浆	5.0	0.930	11.370	0.005	0.06	1.00
增强型改性发泡水泥保温板 A 型	40.0	0.055	0.900	0.582	0.52	1.25
水泥砂浆	20.0	0.930	11.370	0.022	0.25	1.00
钢筋混凝土	200.0	1.740	17.200	0.115	1.98	1.00
水泥砂浆	20.0	0.930	11.370	0.022	0.25	1.00
热桥过梁各层之和	285.0	—	—	0.746	3.01	—
热桥过梁热阻 $R_o = R_i + \sum R + R_e = 0.90(\text{m}^2·\text{K})/\text{W}$			$R_i = 0.11(\text{m}^2·\text{K})/\text{W}$；$R_e = 0.04(\text{m}^2·\text{K})/\text{W}$			
热桥过梁传热系数	$K = 1/R_o = 1.11\text{W}/(\text{m}^2·\text{K})$					

热桥楼板构造类型（默认热桥楼板）：水泥砂浆（5.0mm）＋增强型改性发泡水泥保温板 A 型（40.0mm）＋水泥砂浆（20.0mm）＋钢筋混凝土（200.0mm）。

表 12　热桥楼板热工性能判定

热桥楼板 每层材料名称	厚度/mm	导热系数 /[W/(m·K)]	蓄热系数 S/[W/(m²·K)]	热阻值 R/[(m²·K)/W]	热惰性指标 $D = R·S$	修正系数 α
水泥砂浆	5.0	0.930	11.370	0.005	0.06	1.00
增强型改性发泡水泥保温板 A 型	40.0	0.055	0.900	0.582	0.52	1.25
水泥砂浆	20.0	0.930	11.370	0.022	0.25	1.00
钢筋混凝土	200.0	1.740	17.200	0.115	1.98	1.00
热桥楼板各层之和	265.0	—	—	0.724	2.81	—
热桥楼板热阻 $R_o = R_i + \sum R + R_e = 0.87(\text{m}^2·\text{K})/\text{W}$			$R_i = 0.11(\text{m}^2·\text{K})/\text{W}$；$R_e = 0.04(\text{m}^2·\text{K})/\text{W}$			
热桥楼板传热系数	$K = 1/R_o = 1.15\text{W}/(\text{m}^2·\text{K})$					

表 13　外墙平均传热系数判定

构件名称	面积/m²	面积所占比率	传热系数 K/[W/(m²·K)]	热惰性指标 D	太阳辐射吸收系数
外墙（默认填充墙）	1218.77	0.61	0.67	4.39	0.70
热桥柱（默认框架柱）	81.00	0.04	1.11	3.18	0.70
热桥梁（默认热桥梁）	581.08	0.29	0.68	3.78	0.70
热桥过梁（默认热桥过梁）	42.93	0.02	1.11	3.18	0.70
热桥楼板（默认热桥楼板）	87.16	0.04	1.15	2.94	0.70
外墙平均传热系数 K_m	$K_m = (K_1·S_1 + K_2·S_2 + K_3·S_3 + K_4·S_4 + K_5·S_5)/\sum S = 0.72\text{W}/(\text{m}^2·\text{K})$				
热惰性指标 D_m	$D_m = (D_1·S_1 + D_2·S_2 + D_3·S_3 + D_4·S_4 + D_5·S_5)/\sum S = 4.07$				
标准条目	《建筑节能与可再生能源利用通用规范》（GB 55015—2021）第 3.1.10 条夏热冬冷地区甲类公共建筑外墙传热系数的要求				
结论	$K = 0.72\text{W}/(\text{m}^2·\text{K})$（限值≤0.80W/(m²·K)），满足				

3）底部接触空气的架空楼板

无此项。

4）外窗（含透明幕墙）传热系数

外窗构造类型（默认外窗）：穿条式隔热铝合金多腔型材（隔热条高度≥30mm）6 高透光单银 Low-E＋12Ar＋6 透明（全自动化封装暖边条）。

表 14　立面外窗传热系数判定

朝向	立面	规格型号	外窗面积/m²	传热系数/[W/(m²·K)]	立面窗墙面积比（包括透光幕墙）	加权传热系数/[W/(m²·K)]	传热系数限值/[W/(m²·K)]
东	立面 1	穿条式隔热铝合金多腔型材（隔热条高度≥30mm）6 高透光单银 Low-E＋12Ar＋6 透明（全自动化封装暖边条）	525.10	1.89（中置百叶，修正系数 0.90）	0.49	1.93	2.2
		穿条式隔热铝合金多腔型材（隔热条高度≥30mm）6 高透光单银 Low-E＋12Ar＋6 透明（全自动化封装暖边条）	124.10	2.10			
南	立面 2	穿条式隔热铝合金多腔型材（隔热条高度≥30mm）6 高透光单银 Low-E＋12Ar＋6 透明（全自动化封装暖边条）	27.72	2.10	0.08	2.10	3.0
西	立面 3	穿条式隔热铝合金多腔型材（隔热条高度≥30mm）6 高透光单银 Low-E＋12Ar＋6 透明（全自动化封装暖边条）	394.07	2.10	0.48	2.02	2.2
		穿条式隔热铝合金多腔型材（隔热条高度≥30mm）6 高透光单银 Low-E＋12Ar＋6 透明（全自动化封装暖边条）	243.75	1.89（中置百叶，修正系数 0.90）			
北	立面 4	穿条式隔热铝合金多腔型材（隔热条高度≥30mm）6 高透光单银 Low-E＋12Ar＋6 透明（全自动化封装暖边条）	13.86	2.10	0.06	2.10	3.0
	立面 5	穿条式隔热铝合金多腔型材（隔热条高度≥30mm）6 高透光单银 Low-E＋12Ar＋6 透明（全自动化封装暖边条）	13.86	2.10	0.12	2.10	3.0
标准条目	《建筑节能与可再生能源利用通用规范》（GB 55015—2021）第 3.1.10 条夏热冬冷地区甲类外窗的传热系数的要求						
结论	满足						

5）外窗（含透明幕墙）太阳得热系数

表 15　太阳得热系数（SHGC）判断表（立面）

朝向	立面	玻璃太阳得热系数	窗框系数	外遮阳系数 SD	立面窗墙面积比（包括透光幕墙）	综合太阳得热系数（SHGC）	SHGC 限值
东	立面 1	0.39	0.75	0.30	0.49	0.12	≤0.30
		0.39	0.75	0.74			
		0.39	0.75	1.00			
南	立面 2	0.39	0.75	0.76	0.08	0.26	≤0.45
		0.39	0.75	0.94			
西	立面 3	0.39	0.75	1.00	0.48	0.21	≤0.30
		0.39	0.75	0.74			
		0.39	0.75	0.30			
北	立面 4	0.39	0.75	0.96	0.06	0.28	≤0.45
	立面 5	0.39	0.75	0.83	0.12	0.26	≤0.45
		0.39	0.75	0.96			
标准条目		《建筑节能与可再生能源利用通用规范》（GB 55015—2021）第 3.1.10 条夏热冬冷地区甲类外窗太阳得热系数的要求					
结论		满足					

6）外窗和透光幕墙遮阳措施

 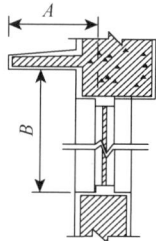

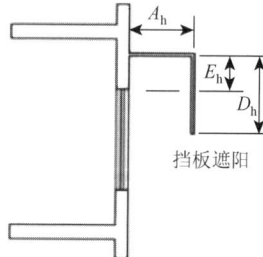 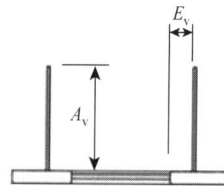

图 1　水平遮阳　　　　　　　　　图 2　垂直遮阳（单位：mm）

水平挑出 A_h；距离上沿 E_h；垂直挑出 A_v；距离边沿 E_v；挡板高度 D_h

 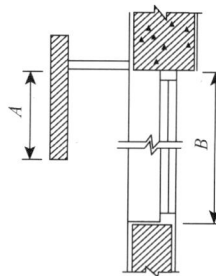

图 3　挡板遮阳

表 16　外遮阳参数表

序号	遮阳措施编号	水平挑出 A_h/mm	距离上沿 E_h/mm	垂直挑出 A_v/mm	距离边沿 E_v/mm	挡板高度 D_h/mm	材质透射比 η^*
1	水平遮阳2	1700.00	1000.00	—	—	—	0
2	水平遮阳1	300.00	200.00	—	—	—	0

表 17　其他外遮阳参数表

遮阳措施编号	夏季外遮阳系数	冬季外遮阳系数	备注
中置百叶1	0.30	1.00	—

表 18　外窗遮阳设置情况判断表

朝向	外窗遮阳设置情况	外窗遮阳设置情况限值
东	中置百叶/水平遮阳/部分无遮阳	应采取遮阳措施
南	水平遮阳	应采取遮阳措施
西	水平遮阳/中置百叶/部分无遮阳	应采取遮阳措施
北	水平遮阳	—
标准条目	《建筑节能与可再生能源利用通用规范》（GB 55015—2021）第3.1.15条甲类公共建筑南、东、西向外窗和透光幕墙应采取遮阳措施	
结论	满足	

六、规定性指标结论

1. 规定性指标判定情况

表 19　规定性指标判定情况

序号	建筑构件	设计值 /[W/(m²·K)]	标准限值 /[W/(m²·K)]	达标判定
1	屋面满足《建筑节能与可再生能源利用通用规范》（GB 55015—2021）第3.1.10条的要求	$K=0.36$	$K\leq0.40$	满足
2	外墙满足《建筑节能与可再生能源利用通用规范》（GB 55015—2021）第3.1.10条的要求	$K=0.72$	$K\leq0.80$	满足
3	外窗（含透明幕墙）传热系数满足《建筑节能与可再生能源利用通用规范》（GB 55015—2021）第3.1.10条的要求	$K=2.1$	$K\leq3.0$	满足
4	外窗（含透明幕墙）太阳得热系数满足《建筑节能与可再生能源利用通用规范》（GB 55015—2021）第3.1.10条的要求	0.28	≤0.45	满足
5	外窗和透光幕墙遮阳措施满足《建筑节能与可再生能源利用通用规范》（GB 55015—2021）第3.1.15条的要求	中置百叶/水平遮阳/部分无遮阳	应采取遮阳措施	满足

2. 强制性条文判定情况

表 20　强制性条文判定情况

序号	建筑构件	设计值/[W/(m²·K)]	标准限值/[W/(m²·K)]	达标判定
1	屋面	$K=0.36$	$K\leqslant0.40$	满足
2	外墙	$K=0.72$	$K\leqslant0.80$	满足
3	外窗（含透明幕墙）传热系数（东立面1）	$K=1.93$	$K\leqslant2.2$	满足
4	外窗（含透明幕墙）传热系数（南立面2）	$K=2.10$	$K\leqslant3.0$	满足
5	外窗（含透明幕墙）传热系数（西立面3）	$K=2.02$	$K\leqslant2.2$	满足
6	外窗（含透明幕墙）传热系数（北立面4）	$K=2.10$	$K\leqslant3.0$	满足
7	外窗（含透明幕墙）传热系数（北立面5）	$K=2.10$	$K\leqslant3.0$	满足
8	外窗（含透明幕墙）太阳得热系数（东立面1）	0.12	≤0.40	满足
9	外窗（含透明幕墙）太阳得热系数（西立面3）	0.21	≤0.40	满足
10	外窗和透光幕墙遮阳措施（东）	中置百叶/水平遮阳/部分无遮阳	应采取遮阳措施	满足
11	外窗和透光幕墙遮阳措施（南）	水平遮阳	应采取遮阳措施	满足
12	外窗和透光幕墙遮阳措施（西）	水平遮阳/中置百叶/部分无遮阳	应采取遮阳措施	满足

规定性指标判定结论：本项目规定性指标满足《建筑节能与可再生能源利用通用规范》（GB 55015—2021）的规范要求。

5.3.4.2　权衡计算报告书示例

一、计算参数信息

1. 热工参数和计算结果

表 1　参照建筑与设计建筑热工计算结果

围护结构部位			参照建筑			设计建筑		
体形系数			—			0.13		
屋面			$K=0.40\text{W}/(\text{m}^2\cdot\text{K})$，$D=2.50$			$K=0.39\text{W}/(\text{m}^2\cdot\text{K})$，$D=3.51$		
外墙			$K=0.80\text{W}/(\text{m}^2\cdot\text{K})$，$D=2.50$			$K=0.64\text{W}/(\text{m}^2\cdot\text{K})$，$D=3.77$		
底部接触空气的架空楼板			—			—		
外窗（包括透明幕墙）	朝向	立面	窗墙面积比	传热系数K/[W/(m²·K)]	太阳得热系数 SHGC	窗墙面积比	传热系数K/[W/(m²·K)]	太阳得热系数 SHGC
单一立面外窗（包括透光幕墙）	东	立面1	0.26	2.60	0.40	0.26	2.20	0.40
	南	立面2	0.48	2.20	0.30	0.48	2.20	0.40
	西	立面3	0.13	3.00	0.45	0.13	2.20	0.33
	北	立面4	0.15	3.00	0.45	0.15	2.20	0.40
屋顶透光部分			—			—		

2. 室内计算参数表

表 2　室内计算参数

房间用途	是否有空调	累计面积 /m²	室内设计温度/℃		人均使用面积/m²	照明功率 /(W/m²)	电器设备功率/(W/m²)	新风量 /(m³/hp)
			夏季	冬季				
普通办公室	是	564.46	26.00	20.00	10.00	8.00	15.00	30.00
卫生间_办公建筑	否	1222.42	26.00	20.00	10.00	8.00	15.00	30.00
休息厅	是	67.65	25.00	22.00	25.00	6.00	15.00	30.00
服务大厅、营业厅	是	485.94	26.00	20.00	10.00	8.00	15.00	30.00
机电设备用房	否	128.54	26.00	18.00	4.00	11.00	20.00	30.00
走道、楼梯间	否	288.46	26.00	20.00	10.00	8.00	15.00	30.00
中餐厅	是	1152.00	25.00	22.00	25.00	6.00	15.00	30.00
厨房_公共建筑	是	208.05	25.00	22.00	25.00	6.00	15.00	30.00
其他	否	累行面积：22.08m²						
合计空调房间面积/m²	2478.09			合计非空调房间面积/m²			1661.49	

二、能耗计算结果

1. 建筑累计负荷计算结果

根据《建筑节能与可再生能源利用通用规范》（GB 55015—2021）附录 C 的要求，并参照本标准规定进行计算，本建筑的建筑累计负荷计算如表 3 所示。

表 3　累计负荷计算结果

建筑类别	供冷累计负荷 Q_C/(kW·h)	供暖累计负荷 Q_H/(kW·h)
设计建筑	86650.00	293200.00
参照建筑	89726.00	298520.00

2. 建筑全年空调和采暖耗电量计算

根据《建筑节能与可再生能源利用通用规范》（GB 55015—2021）附录 C 的要求，设计建筑和参照建筑的供暖、空调年耗电量的计算应符合下列规定。

（1）全年供暖和供冷总耗电量应按下式计算：

$$E = E_H + E_C \qquad (C.0.7\text{-}1)$$

式中，E 为建筑物供暖和供冷总耗电量，(kW·h)/m²；E_H 为建筑物供热耗电量，(kW·h)/m²；E_C 为建筑物供冷耗电量，(kW·h)/m²。

（2）全年供冷耗电量应按下式计算：

$$E_C = \frac{Q_C}{A \times COP_C} \qquad (C.0.7\text{-}2)$$

式中，Q_C 为全年累计供冷耗电量，kW·h，通过动态模拟软件计算得到；A 为建筑总面积，m^2；COP_C 为公共建筑供冷系统综合性能系数，取 3.50。寒冷 B 区、夏热冬冷、夏热冬暖地区居住建筑取 3.60。

（3）严寒地区和寒冷地区全年供暖耗电量应按下式计算：

$$E_H = \frac{Q_H}{A\eta_1 q_1 q_2} \qquad （C.0.7-3）$$

式中，Q_H 为全年累计供暖耗电量，kW·h，通过动态模拟软件计算得到；η_1 为以燃煤锅炉为热源的供暖系统综合效率，取 0.81；q_1 为标准煤热值，8.14(kW·h)/kgce；q_2 为综合发电煤耗，取 0.330kgce/(kW·h)。

（4）夏热冬暖 A 区、夏热冬冷、夏热冬暖和温和地区公共建筑全年供暖耗电量应按下式计算：

$$E_H = \frac{Q_H}{A\eta_2 q_3 q_2}\varphi \qquad （C.0.7-4）$$

式中，η_2 为热源为燃气锅炉的供暖系统综合效率，取 0.85；q_3 为标准天然气热值，取 9.87(kW·h)/m^3；φ 为天然气的折标系数，取 1.21kgce/m^3。

（5）夏热冬暖 A 区，夏热冬冷和温和地区居住建筑全年供暖耗电量应按下式计算：

$$E_H = \frac{Q_H}{A \times COP_H} \qquad （C.0.7-5）$$

式中，Q_H 为全年累计供暖耗电量，kW·h；A 为建筑总面积，m^2；COP_H 为供暖系统综合性能系数，取 2.60。

（6）居住建筑应计入全年的供暖能耗；供冷能耗只计入日平均温度高于 26℃时的能耗。严寒、寒冷 A 区、温和 A 区只计入供暖能耗；寒冷 B 区、夏热冬冷、夏热冬暖 A 区计入供暖和供冷能耗；夏热冬暖 B 区只计入供冷能耗。

依据以上建筑全年累计负荷计算结果与所给参数，计算得到该建筑物的全年供冷和供暖耗电量如表 4 所示。

表 4　全年供冷和供暖耗电量

建筑类别	全年供冷耗电量/(kW·h)	全年供暖耗电量/(kW·h)
设计建筑	24757.14	128144.31
参照建筑	25636.00	130469.44

本建筑的单位面积全年供冷和供暖耗电量结果如表 5 所示。

表 5　单位面积全年供冷和供暖耗电量指标

项目	设计建筑耗电量/[(kW·h)/m^2]	参照建筑耗电量/[(kW·h)/m^2]
计算结果	36.94	37.71

能耗分析图如图 1 所示。

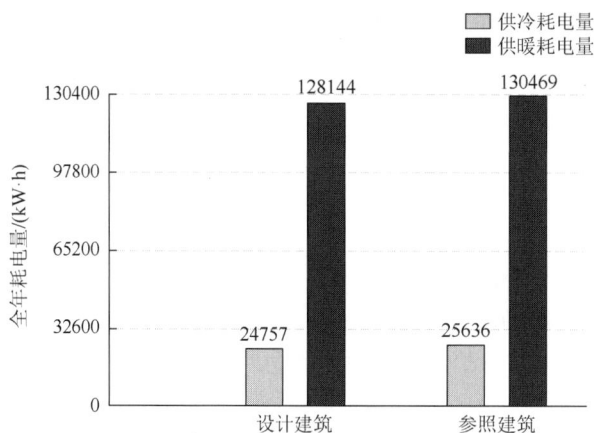

图 1　能耗分析图

三、结论

该设计建筑的全年能耗小于参照建筑的全年能耗，因此该项目已达到《建筑节能与可再生能源利用通用规范》（GB 55015—2021）的设计要求。

参 考 文 献

[1] 重庆市人民政府办公厅, 四川省人民政府办公厅. 关于印发成渝地区双城经济圈碳达峰碳中和联合行动方案的通知[EB/OL]. (2022-2-15). https://www.sc.gov.cn/10462/cylhf/2022/2/23/b37777436ddc46b0af52ab106d31c984.shtml[2024-12-20].

[2] 重庆市住房和城乡建设委员会. 关于印发《重庆市住房和城乡建设科技"十四五"规划（2021—2025 年）》的通知. [EB/OL].（2022-1-12). https://zfcxjw.cq.gov.cn/zwxx_166/gsgg/202201/t20220112_10297486.html[2024-12-20].

[3] 重庆市住房和城乡建设委员会, 重庆市发展和改革委员会. 关于印发《重庆市城乡建设领域碳达峰实施方案》的通知[EB/OL].（2023-1-4). https://wap.cq.gov.cn/index/detail.html?policyId=4466[2024-12-20].

[4] 赵彦云, 林寅, 陈昊. 发达国家建立绿色经济发展测度体系的经验及借鉴[J]. 经济纵横, 2011(1): 34-37.

[5] 章林伟. 中国海绵城市建设与实践[J]. 给水排水, 2018, 44(11): 1-5.

[6] 申延波, 高川. 北京大兴国际机场航站区下沉区域雨水系统及降雨重现期的确定[J]. 给水排水, 2019, 45(10): 94-97.

[7] 张孝奎, 王丹丹, 高玉坤. 科学编制规划, 促进应急避难场所高质量发展[J]. 中国减灾, 2022(15): 38-41.

[8] 国家减灾委员会. 国家减灾委员会关于印发《"十四五"国家综合防灾减灾规划》的通知[EB/OL].（2022-6-19）. https://www.gov.cn/zhengce/zhengceku/2022-07/22/content_5702154.htm[2024-12-20].

[9] 杨汉宁, 沈建增, 陆峰. BIM 5D＋智慧工地系统构建研究与应用: 以中国移动成都研究院科研枢纽工程项目为例[J]. 建筑经济, 2023, 44(5): 46-52.

[10] 谢卓霖. 施工扬尘的形成、扩散规律及控制研究[D]. 重庆: 重庆大学, 2018.

[11] 廖慧. 立体绿化在城市建筑景观设计中的应用探究[J]. 房地产世界, 2020, (17): 127-129.

[12] 陈祥, 包兵, 向见, 等. 重庆市立体绿化现状及发展对策[J]. 现代农业科技, 2013(2): 204, 208.

[13] 吴颖. 基于"紧凑城市"的城市街区空间优化研究[D]. 武汉: 华中科技大学, 2010.

[14] 蔡少燕, 徐国良. 街区制: 未来国内住区规划实践初探[J]. 城市观察, 2016(4): 24-31.

[15] 刘智勇, 史靖塬. 重庆市绿色建筑发展现状综述[J]. 重庆建筑, 2021, 20(5): 12-14.

[16] 王纪武, 王炜. 城市街道峡谷空间形态及其污染物扩散研究: 以杭州市中山路为例[J]. 城市规划, 2010, 34(12): 57-63.

[17] 梁晓晓. 基于风环境的重庆城市商业中心区优化策略[D]. 重庆: 重庆大学, 2019.

[18] Zaki S A, Toh H J, Yakub F, et al. Effects of roadside trees and road orientation on thermal environment in a tropical city[J].

Sustainability, 2020, 12(3): 1053.

[19] Niu J L, Liu J L, Lee T C, et al. A new method to assess spatial variations of outdoor thermal comfort: Onsite monitoring results and implications for precinct planning[J]. Building and Environment, 2015, 91: 263-270.

本章作者：**5.1** 节　重庆交通大学　董莉莉，史靖塬，刘亚南，粟鑫
　　　　　　5.2 节　中机中联工程有限公司　侯须真，何开远，文灵红
　　　　　　　　　　重庆建工住宅建设有限公司　张意，李潇，张瑜
　　　　　　5.3 节　北京构力科技有限公司　朱峰磊，王佳员，樊粉玲